网络空间安全系列教材

密码学实验教程

郭　华　刘建伟　李大伟　主　编

陈　晨　陈　佳　孙　青　副主编

伍前红　主　审

電子工業出版社

Publishing House of Electronics Industry

北京 • BEIJING

内 容 简 介

本书共 14 章：第 1 章和第 2 章为密码学数学基础的相关实验；第 3 章为古典密码算法相关实验；第 4 章和第 5 章为对称密码算法相关实验；第 6 章为伪随机数算法相关实验，其内容服务于第 7 章和第 8 章的公钥密码算法实验；第 9 章为 Diffie-Hellman 密钥交换协议相关实验；第 10 章为椭圆曲线密码算法相关实验；第 11 章为 SHA-1 算法相关实验；第 12 章为数字签名算法相关实验；第 13 章和第 14 章为国产密码算法相关实验。

本书不但可以作为网络空间安全、密码学、信息安全、信息对抗等专业的本科生、硕士生和博士生专业课程的配套实验教材，而且可以作为信息安全工程师的培训教材，为密码学算法的实际部署提供一定指导。

图书在版编目（CIP）数据

密码学实验教程 / 郭华，刘建伟，李大伟主编. —北京：电子工业出版社，2021.1
ISBN 978-7-121-40340-8

Ⅰ. ①密…　Ⅱ. ①郭…　②刘…　③李…　Ⅲ. ①密码学－实验－高等学校－教材　Ⅳ. ①TN918.1-33

中国版本图书馆 CIP 数据核字（2020）第 269311 号

责任编辑：戴晨辰
印　　刷：北京天宇星印刷厂
装　　订：北京天宇星印刷厂
出版发行：电子工业出版社
　　　　　北京市海淀区万寿路 173 信箱　　邮编：100036
开　　本：787×1 092　1/16　印张：10　　字数：256 千字
版　　次：2021 年 1 月第 1 版
印　　次：2021 年 8 月第 2 次印刷
定　　价：39.00 元

凡所购买电子工业出版社图书有缺损问题，请向购买书店调换。若书店售缺，请与本社发行部联系，联系及邮购电话：（010）88254888，88258888。

质量投诉请发邮件至 zlts@phei.com.cn，盗版侵权举报请发邮件至 dbqq@phei.com.cn。

本书咨询联系方式：dcc@phei.com.cn。

前　　言

《中华人民共和国密码法》自 2020 年 1 月 1 日起正式实施，体现出密码工作直接关系到国家安全。目前，国内有百余所高校都设有网络空间安全、密码学、信息安全或信息对抗专业，许多高校已建有密码学实验室，并系统地开设了密码学实验课程。虽然现有的密码学实验书较多，但大多数书不太适合作为密码学实验教材。

本书从网络空间安全专业课程教学体系出发，在实验内容的编排上，力求符合教育部高等学校信息安全专业教学指导委员会制定的《高等学校信息安全专业指导性专业规范》，满足该规范对信息安全专业本科生实践能力体系的要求。本书是一本内容丰富、特色鲜明、实用性强的密码学实验教材，不仅包含了数论算法、有限域上的基本运算、古典密码算法等基本型实验和 DES、AES、RSA 等国际标准算法相关实验，而且还介绍了 SM2、SM4 等国家密码管理局公布的标准密码算法相关实验。此外，每个实验还提供了算法测试的输入/输出数据和中间数据，每章最后均附有思考题，便于读者对实验过程和结果进行分析及总结，并对所提出的问题进行深入思考。

本书共 14 章。第 1 章介绍了数论基础算法，包括厄拉多塞筛算法、欧几里得算法、快速幂取模算法、中国剩余定理和 Miller-Rabin 素性检测算法相关实验；第 2 章介绍了有限域算法相关实验；第 3 章介绍了古典密码算法，包括置换密码、矩阵密码、仿射密码等几种常见的古典密码算法相关实验；第 4～5 章介绍了 DES、AES 对称加密算法相关实验；第 6 章介绍了伪随机数算法相关实验，包括 BBS、梅森旋转算法相关实验；第 7～8 章介绍了 RC4、RSA 算法相关实验；第 9 章介绍了 Diffie-Hellman 密钥交换协议相关实验；第 10 章介绍了椭圆曲线密码算法相关实验，包括基于椭圆曲线的加密算法和数字签名算法相关实验；第 11 章介绍了 SHA-1 算法相关实验，是美国国家标准与技术研究所（NIST）设计的安全 Hash 算法；第 12 章介绍了数字签名算法相关实验，主要介绍了不带消息恢复的 RSA 数字签名、RSA-PSS 数字签名及基于 ElGamal 的数字签名；第 13～14 章介绍了 SM2 和 SM4 这两种密码行业标准密码算法相关实验。

本书是在作者多年密码学理论课程及密码学实验实践的基础上编写而成的。针对学生编写代码模块性差、调试代码时间远大于写代码时间等问题，本书侧重于对模块化算法实现的介绍，并给出了详细的测试数据，特别是给出了一些重要的中间数据。希望本书能够加深学生对算法模块化实现重要性的认识，减少学生调试代码的时间，进而培养学生的程序思维能力。全书内容严谨、语言精练，既可作为配套理论课的实验教材，也可作为工程实践的参考书单独使用。

在本书的编写过程中，北京航空航天大学的刘建伟教授、伍前红教授均给予编写团队深切的关怀与鼓励。感谢教学团队的李大伟、姚燕青老师的支持与配合。特别感谢北京航空航天大学网络空间安全学院刘连忠老师、白琳老师、吕继强老师、高莹老师、张宗洋老师、关振宇老师、张小明老师、陈佳老师，他们在北京航空航天大学信息安全实验室的建设中给予了大力的支持和帮助。

北京航空航天大学的陈晨、管晔玮、刘源灏、张英鹏、李宗孝、韩祎然、宋莹先、丁名杨、吴爽、宋虎涛、陈春林、王如思、朱浩、李浩民等研究生为提高本书的质量做了实验验证、文字校对等工作。尤其是管晔玮同学，为本书提供了大量的测试数据，并校对了所有算法的代码实现部分。作者在此一并向他们表示真诚的感谢。

本书得到了北京航空航天大学一流本科课程建设项目、北京航空航天大学双百工程优质课程建设项目的支持。

尽管本书积累了作者多年的实践经验和教学成果，但由于内容涉及的知识面广，实际实验中采用的实验设备和工具种类繁多，加之编写时间紧张，可能存在不足之处，恳请广大读者批评和指正。

编　者

目　　录

第 1 章　数论基础算法

1.1　算法原理

数论主要研究的是整数的性质，许多加密算法都用到了数论知识。本章介绍一些在密码学中应用较为广泛的数论基础算法，包括厄拉多塞筛算法、欧几里得算法、快速幂取模算法、中国剩余定理、Miller-Rabin 素性检测算法。

1.1.1　厄拉多塞筛算法

厄拉多塞筛算法（Eratosthenes Sieve）是一种求素数的方法，由古希腊数学家厄拉多塞提出。它的原理是，给定一个数 n，从 2 开始依次将 $\sqrt{n}$ 以内的素数的倍数标记为合数，标记完成后，剩余未被标记的数为素数（从 2 开始）。如此可省去检查每个数的步骤，使筛选素数的过程更加简单。厄拉多塞筛算法具体步骤如下：

（1）读取输入的数 n，将 2 至 n 的所有整数记录在表中；

（2）从 2 开始，划去表中所有 2 的倍数；

（3）由小到大寻找表中下一个未被划去的整数，再划去表中所有该整数的倍数；

（4）重复第（3）步，直到找到的整数大于 $\sqrt{n}$ 为止；

（5）表中所有未被划去的整数均为素数。

厄拉多塞筛算法流程图如图 1-1 所示。

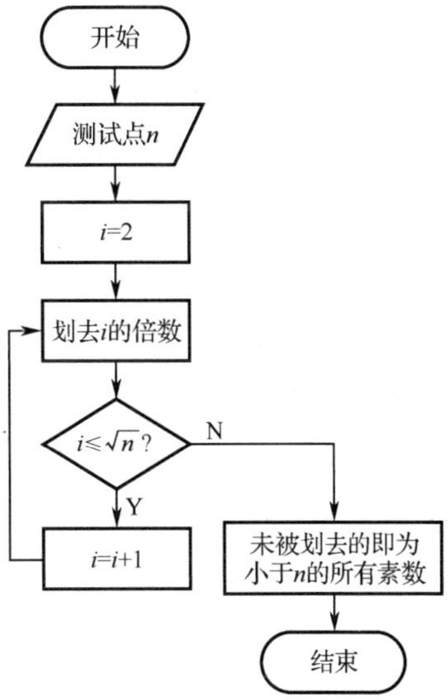

图 1-1　厄拉多塞筛算法流程图

1.1.2　欧几里得算法

欧几里得算法（Euclid's Algorithm）又称辗转相除法。古希腊数学家欧几里得在其著作 *The Elements* 中最早描述了这种算法，所以该算法被命名为欧几里得算法。算法利

用计算公式 $\gcd(a,b)=\gcd(b,a \bmod b)$，求两个非负整数 a 和 b 的最大公约数。欧几里得算法具体步骤如下：

（1）使用带余除法，b 除 a 得到余数 r；

（2）若 $r>0$，则用 b 代替 a，用 r 代替 b，重复第（1）步；

（3）b 的值就是最大公约数 d。

欧几里得算法流程图如图 1-2 所示。

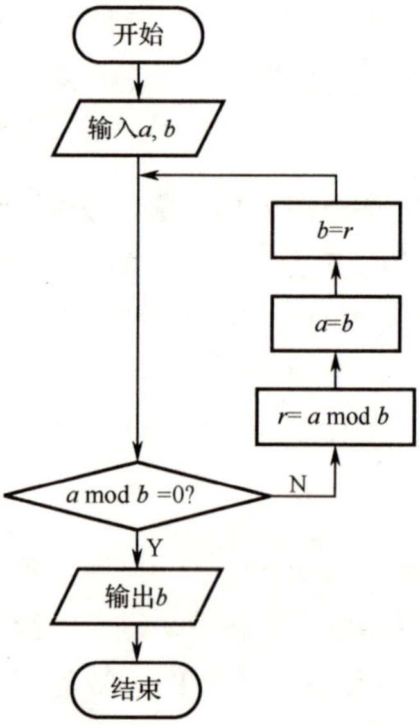

图 1-2　欧几里得算法流程图

扩展欧几里得算法（Extended Euclid's Algorithm）是欧几里得算法的扩展，基于以下定理：对任意两个整数 a、b，必存在整数 x、y，使得 $ax+by=\gcd(a,b)$ 成立，求出整数解 x、y，可以得到 $\gcd(a,b)$。扩展欧几里得算法具体步骤如下。

（1）根据带余除法，并假设每个步骤 i 都可以找到对应的 x_i 和 y_i，那么可以列出公式：

$$a=q_1b+r_1,\ r_1=ax_1+by_1$$
$$b=q_2r_1+r_2,\ r_2=ax_2+by_2$$
$$r_1=q_3r_2+r_3,\ r_3=ax_3+by_3$$
$$\cdots$$
$$r_{n-2}=q_nr_{n-1}+r_n,\ r_n=ax_n+by_n$$
$$r_{n-1}=q_{n+1}r_n+0$$

（2）通过移项得到：

$$r_i=r_{i-2}-r_{i-1}q_i$$

（3）以此类推，将 $r_{i-2}=ax_{i-2}+by_{i-2}$ 和 $r_{i-1}=ax_{i-1}+by_{i-1}$ 代入 $r_i=r_{i-2}-r_{i-1}q_i$，得到：

$$r_i=a(x_{i-2}-q_ix_{i-1})+b(y_{i-2}-q_iy_{i-1})$$

（4）由 $r_i = ax_i + by_i$，得到：

$$x_i = x_{i-2} - q_i x_{i-1}, \quad y_i = y_{i-2} - q_i y_{i-1}$$

（5）依次递推，直到 $x_0 = 0$，$y_0 = 1$；$x_{-1} = 1$，$y_{-1} = 0$。

（6）将中间公式迭代即可得出 x_n 和 y_n，即所求的 x 和 y；与此同时，可得 a 和 b 的最大公约数 $d = r_n = ax_n + by_n$。

1.1.3　快速幂取模算法

若要计算 $a^b \bmod p$，可以先计算 $a^2 \bmod p$，$a^4 \bmod p$，$a^8 \bmod p$，…，再将 b 的二进制表示中等于 1 的位对应的 a 的幂相乘，便可得到结果，具体步骤如下：

（1）将 b 表示成二进制数 0 和 1 的字符串，令结果初始值为 1；

（2）从 b 的最低位开始，若当前位为 1，则将当前结果乘以 a 模 p；若当前位为 0，则当前结果不变；

（3）将 a 变为 a 的平方模 p；

（4）重复步骤（2）和步骤（3），直到 b 的每一位运算完毕，当前结果即为最终结果。

1.1.4　中国剩余定理

中国剩余定理（Chinese Remainder Theorem）即孙子定理，是中国古代求解一次同余式组的方法，又称中国余数定理。在《孙子算经》中，“物不知数”的问题如下：有物不知其数，三三数之剩二，五五数之剩三，七七数之剩二。问物几何？如果用现代语言描述，可以给出一元线性同余方程组：

$$(S):\begin{cases} x \equiv a_1 \pmod{m_1} \\ x \equiv a_2 \pmod{m_2} \\ \quad\cdots \\ x \equiv a_n \pmod{m_n} \end{cases}$$

假设整数 m_1，m_2,…，m_n 两两互质，则对任意的整数 a_1，a_2,…，a_n，方程组有解，并且通解可以用如下方式构造得到：

（1）设 $M = m_1 \times m_2 \times \cdots \times m_n = \prod_{i=1}^{n} m_i$，是整数 m_1，m_2,…，m_n 的乘积，并设 $M_i = M/m_i$，$i \in \{1,2,\cdots,n\}$，是除 m_i 以外的 $n-1$ 个数的乘积；

（2）设 $t_i = M_i^{-1}$ 是 M_i 模 m_i 的逆元，$t_i M_i \equiv 1 \pmod{m_i}$，$i \in \{1,2,\cdots,n\}$；

（3）方程组 (S) 的通解形式为

$$x = a_1t_1M_1 + a_2t_2M_2 + \cdots + a_nt_nM_n + kM = kM + \sum_{i=1}^{n} a_it_iM_i,\ k \in Z$$

则在模 M 的意义下，方程组 (S) 只有一个解 $x = \sum_{i=1}^{n} a_it_iM_i$。

1.1.5 Miller-Rabin 素性检测算法

根据费马小定理：设 p 是素数，a 为整数，且 $(a,p)=1$，则 $a^{p-1} \equiv 1(\bmod p)$，以及二次探测定理：如果 p 是一个素数，且 $0<x<p$，且方程 $x^2 \equiv 1(\bmod p)$ 成立，那么 $x=1或x=p-1$。Miller-Rabin 素性检测算法是基于以上两个定理的随机化算法，用于判断一个数是合数还是素数，判断 n 是否为素数的具体步骤如下：

（1）令 $n-1=2^k q$，其中 $k>0$，q 为奇数，随机选取整数 a，$1<a<n-1$；

（2）若 $a^q \bmod n = 1$，则 n 有可能是素数；

（3）取整数 j，$0 \leqslant j < k$，若存在 $a^{2^j q} \bmod n = n-1$，则 n 有可能是素数；否则，n 为合数。

由以上分析可知，素数一定能通过测试，不通过测试的必为合数，通过测试的很可能是素数，这就是 Miller-Rabin 素性检测算法。

1.2 算法实现

本节介绍如何实现上述算法，算法实现使用 Java 语言。实验中所用到的算法在实现时可以被定义为一个单独的类，类中包含的函数见表 1-1。

表 1-1 数论函数定义表

函 数 名	类 型	对 应 算 法
eratosthenes	BigInteger[]	厄拉多塞筛算法
euclid	BigInteger	欧几里得算法
exEuclid	BigInteger[]	扩展欧几里得算法
fastPow	BigInteger	快速幂取模算法
crt	BigInteger	中国剩余定理
MRtest	boolean	Miller-Rabin 素性检测算法

本章各算法相对独立，首先给出基础算法类的声明代码：

```
public class numTheory {
    public BigInteger[] eratosthenes();
    public BigInteger euclid();
```

```
        public BigInteger[] exEuclid();
        public BigInteger fastPow();
        public BigInteger crt();
        public boolean MRtest();
}
```

下面依次对各个算法的实现进行介绍。

1.2.1　厄拉多塞筛算法实现

算法的输入为正整数 n，输出为 n 以内的所有素数，伪代码如下：

```
public BigInteger[ ] eratosthenes(BigInteger n){
        建立 flag 数组，标识是否被筛去，默认值为 true;
        boolean[ ] flag;
        计算 m，等于根号 n;
        for (i = 2 to m+1) do{
                if (flag[i]) {
                        将 flag 数组中 i 的倍数下标标记为 false;
                }
        }
        返回 flag 数组中所有被标记为 true 的下标（0 和 1 除外）;
}
```

1.2.2　欧几里得算法实现

算法的输入为两个正整数 a、b，输出为其最大公约数 GCD，伪代码如下：

```
public BigInteger euclid(BigInteger a, BigInteger b){
        while (b != 0) {
                a = b;
                b = a mod b;
        }
        if (b == 0)
                返回 a;
}
```

扩展欧几里得算法的输入为两个正整数 a、b，输出为其最大公约数 GCD 和 x、y，使得 $ax + by =$ GCD，伪代码如下：

```
public BigInteger [] exEuclid(BigInteger a, BigInteger b){
        if (b == 0)
```

```
        返回(a, 1, 0);
    else {
        GCD, xtmp, ytmp = exEuclid(b, a mod b);
        x = ytmp;
        y = xtmp - int(a / b) * ytmp;
        返回(GCD, x, y);
    }
}
```

1.2.3 快速幂取模算法实现

算法的输入为底数 base、指数 expo 和模数 p，输出为 base 的 expo 次方模 p 的值 result，伪代码如下：

```
public BigInteger fastpow(BigInteger base, BigInteger expo, BigInteger p) {
    int result = 1;
    while (expo > 0) {
        if (expo 的最低位为 1)
            result = (result * base) %p;
        expo 右移 1 位;
        base = (base * base) %p;
    }
    返回 result;
}
```

1.2.4 中国剩余定理实现

算法的输入为余数数组 a、模数数组 p 及方程个数 num，输出为同余方程组的结果 result，算法在实现过程中调用了扩展欧几里得算法，伪代码如下：

```
public BigInteger crt(BigInteger[] a, BigInteger[] p, BigInteger num) {
    BigInteger P = p[1] * p[2] *...*p[num];
    result = 0;
    //生成逆元数组
    for (i = 1 to num) {
        求 P / p[i]模 p[i]的逆元 e[i];
        result = result + P / p[i] * e[i] * a[i];
    }
    返回 result;
}
```

1.2.5　Miller-Rabin 素性检测算法实现

算法的输入为正整数 n，若 n 不为素数，则返回 false，否则返回 true。算法在实现过程中调用了快速幂取模算法，伪代码如下：

```
public boolean MR test(BigInteger n) {
    找到满足 n - 1 = 2^k * q 的 k, q;
    a = random(1, n);
    if (a^q mod n == 1)
        返回 true;
    for (i = 0 to k -1) {
        if (a^(2^i * q) mod n == n – 1)
        返回 true;
    }
    返回 false;
}
```

1.3　算法测试

针对厄拉多塞筛算法、欧几里得算法、快速幂取模算法、中国剩余定理、Miller-Rabin 素性检测算法，分别给出对应的测试数据，包括算法的输入、输出和中间数据，数据使用十进制数表示。

1.3.1　厄拉多塞筛算法测试

算法的输入为 n，即表示求 2～n 之间的素数。以 n=10 为例，给出一组中间数据，见表 1-2。

表 1-2　厄拉多塞筛算法中间数据

轮　数	划 去 数 字
1	4，6，8，10
2	6，9
得到最终素数	2，3，5，7

若 n 为 100，则输出素数结果为 2 3 5 7 11 13 17 19 23 29 31 37 41 43 47 53 59 61 67 71 73 79 83 89 97。

若 n 为 200，则输出素数结果为 2 3 5 7 11 13 17 19 23 29 31 37 41 43 47 53 59 61 67 71 73 79 83 89 97 101 103 107 109 113 127 131 137 139 149 151 157 163 167 173 179 181 191 193 197 199。

1.3.2 欧几里得算法测试

欧几里得算法用 gcd(a,b)表示，算法的输入为 a 和 b，求 a 和 b 的最大公约数。以 gcd(710，310)为例，给出一组中间数据，见表 1-3。

表 1-3 欧几里得算法中间数据

轮 数	a	b
1	710	310
2	310	90
3	90	40
4	40	10
5	10	0

此时，$\gcd(710,310)=\gcd(10,0)=10$。

扩展欧几里得算法用 exgcd(a,b) 表示，算法的输入为 a 和 b，求 a 和 b 的最大公约数。以 exgcd(7,5) 为例，给出一组中间数据，见表 1-4。

表 1-4 扩展欧几里得算法中间数据 1

轮 数	$a=q\times b+r$	$r=a+(-q)\times b$
1	7=1×5+2	2=1×7+(−1)× 5
2	5=2×2+1	1=1×5+(−2)×2
3	2=2×1	1=1×5+(−2)×[1×7+(−1)×5]

结果为 1=(−2) ×7+3×5，即 $\text{exgcd}(7,5)=(-2,3,1)$。

再以 exgcd(1769,551) 为例，给出一组中间数据，见表 1-5。

表 1-5 扩展欧几里得算法中间数据 2

轮 数	$a=q\times b+r$	$r=a+(-q)\times b$
1	1769=3×551+116	116=1×1769+(−3)×551
2	551=4×116+87	87=1×551+(−4)×116
3	116=1×87+29	29=1×116+(−1)×87
4	87=3×29+0	29=1×[1×1769+(−3)×551]+(−1)×{1×551+(−4)×[1×1769+(−3)×551]}

结果为 29= 5×1769+(−16)×551，即 $\text{exgcd}(1769,551)=(5,-16,29)$。

下面再给出几组测试数据供读者参考，见表 1-6。

表 1-6　扩展欧几里得算法测试数据

a	b	x	y	gcd(a,b)
31	−13	−5	−12	1
2461502723515673086658704256944912426065172925575	172087657754277021481119930882347652892954223 1719	−2795038837872745142539022102973698537809 43628056	39979599940745026457009085475842906511784400 5679	1
1370961646914494888351222912350230517638593181028408890675509023843189897270890443917889846802171079840187598665712521108447262149959537125434639073838 2042	1923503999498762516759096348089977725593377523831204409712277325564753027680631763602672767980082537045932161772487151544214743242095125703782314106964 0181	−107604580368043757516506931751772005681601296855055229749784752220186958714086513671829215949781194957987212647169423206511237131886668210800043381975 0738	7669427916726892264502009194458568532584907540503797044831940871001157002257559190662110275404841788698230849292994592286170075217255757058848419820 26337	1

1.3.3　快速幂取模算法测试

在 Quick-mod(base,exp,p)中，base 表示底数，exp 表示指数，p 表示模数。以 Quick-mod(7,16,3)为例，首先将幂指数 16 转化为二进制数 10000，然后给出一组中间数据，见表 1-7。

表 1-7　快速幂取模算法中间数据 1

i	7^i	7^i mod3
0	1	1
0	1	1
0	1	1
0	1	1
1	7	1

故 $7^{16} \bmod 3 = \left(\prod_{i=0}^{N}(7^{2^i}\%3)\right)\%3 = 1$。

下面再给出一组中间数据供读者参考，如表 1-8 所示，这里底数 base = 71394579385793847593287459，指数 exp = 65537，模数 p = 275489275928572984572945729502759。指数 65537 的二进制数为 10000000000000001。

表 1-8　快速幂取模算法中间数据 2

i	取模结果（result）
1	71394579385793847593287459
0	71394579385793847593287459
0…0（14 个 0）	71394579385793847593287459
1	177913638500253600517830301630694

除上述两组中间数据外，再给出两组快速幂取模算法的测试数据供读者参考，见表 1-9。

表 1-9 快速幂取模算法测试数据

底数 base	指数 exp	模数 p	取 模 结 果
5	10003	31	5
14944626594292900478150673551714111187560751791530	65537	2268838711304724304304396119509416774597723292474	2099538163720891467842744895846522520832379454230

1.3.4 中国剩余定理测试

算法的输入为同余方程组，输出为同余方程组的解。下面以 3 个方程的同余方程组为例，*m*List 中数据分别表示 3 个方程的模数，*a*List 中数据分别表示 3 个方程的余数，M_i 是除 m_i 以外的 $n-1$ 个数的乘积，t_i 是 M_i 模 m_i 的逆元，测试数据见表 1-10。

表 1-10 中国剩余定理测试数据

a List	*m* List	M_i List	t_i List	x
0, 0, 0	23, 28, 33	924, 759, 644	6, −9, 2	x=0(mod 21252)
5, 20, 34	23, 28, 33	924, 759, 644	6, −9, 2	x=19900(mod 21252)
283, 102, 23	23, 28, 33	924, 759, 644	6, −9, 2	x=9230(mod 21252)

1.3.5 Miller-Rabin 素性检测算法测试

算法的输入为被检测的大数，输出为 True 或 False。若输出结果为 True，则表示该数通过了 Miller-Rabin 素性检测，很可能为素数；若输出结果为 False，则表示该数不为素数。素性检测算法测试数据见表 1-11。

表 1-11 素性检测算法测试数据

输 入 数 据	输出检测结果
1000023	False
1000033	True
100160063	False
1500450271	True

1.4　思考题

（1）中国剩余定理存在多种不同的表示形式，请尝试给出中国剩余定理的其他表示形式。

（2）Miller-Rabin 素性检测算法并非确定性的素性判定方法，如何通过重复检测提高该算法的可信度？试简要说明。

第 2 章　有限域算法

有限域亦称伽罗瓦域（Galois Fields），是伽罗瓦于 18 世纪 30 年代研究代数方程根式求解问题时引出的概念。有限域在密码学、近代编码、计算机理论、组合数学等方面有着广泛的应用。

2.1　算法原理

2.1.1　有限域四则运算算法

在抽象代数中，域是一个对加法和乘法封闭的集合，其中要求每个元素都有加法逆元，每个非零元素都有乘法逆元。若域 F 只包含有限个元素，则称为有限域，有限域中元素的个数称为有限域的阶。可以证明，每个有限域的阶必为素数的幂，即有限域的阶可表示为 p^n（p 是素数、n 是正整数）。有限域通常记为 GF(p^n)。

有限域 GF(p^n)中的元素可以看成有限域 GF(p)上次数小于 n 的多项式，因此 GF(p^n)构成 GF(p)上的 n 维线性空间，其中的一组基为$\{1,x,x^2,x^3,\cdots,x^{n-1}\}$，所以有限域 GF($p^n$)中的所有元素可以用基$\{1,x,x^2,x^3,\cdots,x^{n-1}\}$的线性组合来表示，其线性组合的系数在 GF($p$)中，即 $\mathrm{GF}(p^n)=\{a_0+a_1x+a_2x^2+\cdots+a_{n-1}x^{n-1}|a_i\in\mathrm{GF}(p),i=0,1,2,\cdots,n-1\}$。

若将 GF(p)上的加法单位元记作 0，乘法单位元记作 1，元素 a 的加法逆元记作$-a$，非零元素 b 的乘法逆元记作 b^{-1}，则有：$a+(-a)\equiv 0 \pmod p$，$b\times b^{-1}\equiv 1 \pmod p$。针对 GF($p$)中的元素 a 和非零元素 b，加法是$(a+b) \bmod p$，减法是$(a+(-b)) \bmod p$，乘法是$(a\times b) \bmod p$，除法是$(a\times b^{-1}) \bmod p$，该算法对多项式的运算同样成立，因此 GF(p^n)上的四则运算可以由 GF(p)上多项式的四则运算导出。

特别地，当 p=2 时，GF(2^n)中的元素 $a_0+a_1x+a_2x^2+\cdots+a_{n-1}x^{n-1}$ 可以简化为二进制数 $a_{n-1}\cdots a_2a_1a_0$。因为计算机中使用的是二进制数，且 1 字节为 8 位，所以在密码学中常常用到有限域 GF(2^8)。

1．加法运算原理

GF(2^n)上的加法即为 GF(2)上多项式的加法，具体是将 GF(2)上多项式的系数分别相加。而对于 GF(2)上的元素，加法即为异或运算。所以，GF(2^n)上的加法即为按位异或运算。

2. 减法运算原理

GF(2^n)上的减法即为 GF(2)上多项式的减法，具体是将 GF(2)上多项式的系数分别相减。而对于 GF(2)上的元素，减法即为加法。所以，GF(2^n)上的减法即为 GF(2^n)上的加法。

3. 乘法运算原理

GF(2^n)上的乘法即为 GF(2)上多项式的乘法，具体是将 GF(2)上的两个多项式相乘，但是两个多项式相乘之后的次数可能会大于等于 n，因此在计算两个多项式的乘积之后，还需要模一个 GF(2)上的 n 次不可约多项式，来保证得到的多项式次数小于 n。

在具体实现中，模 n 次不可约多项式的操作可以分解到每一次乘 x 的运算中，即乘 x 的运算可通过左移一位后再根据条件按位异或给定的不可约多项式对应的 n 位二进制数的后 $n-1$ 位实现。乘 x 的更高次幂可通过重复使用该方法来实现，这样一来，GF(2^n)上的乘法结果可由多个中间结果相加得到。

有限域 GF(2^8)上乘法运算的详细步骤如下：

（1）输入 a，b 和不可约多项式 poly，并将 a，b 转换为二进制数，将乘法结果 ans 初始化为 0；

（2）判断 b 是否大于 0，若大于 0，则转第（3）步，否则转第（6）步；

（3）判断 b 的最低位是否为 1，若是，则将 ans 与 a 进行按位异或运算，再将 a 左移一位，否则直接将 a 左移一位；

（4）判断 a 的最高位是否为 1，若是，则将 a 与 poly 进行按位异或运算，再将 a 与 0xff 进行按位与运算，否则直接将 a 与 0xff 进行按位与运算；

（5）将 b 右移一位，转第（2）步；

（6）输出 ans，算法结束。

乘法运算流程图如图 2-1 所示。

4. 除法运算原理

在本节中，GF(2^n)上的除法指 GF(2)上多项式的带余除法，具体是将 GF(2)上的两个多项式相除，得到商和余数。

在具体实现中，令 a 为被除数，b 为除数，q 为商，r 为余数，且均为二进制数形式。将 q 的值初始化为 0，当 a 的比特长度大于等于 b 的比特长度时，b 左移 k 位后与 a 长度相等，此时将 q 与 1 左移 k 位后的值相加，将 a 与 b 左移 k 位后的值相减，再判断 a 与 b 的大小；若 a 大于 b，则重复上述步骤，直至 a 小于 b，此时 a 的值即为 r。

有限域上除法运算的详细步骤如下：

（1）输入 a，b，并将 a，b 转换为二进制数，将商 ans 初始化为 0；

（2）判断 a 的比特长度是否大于等于 b 的比特长度，若是，则转第（3）步，否则转第（6）步；

（3）计算 a 的比特长度与 b 的比特长度之差，并将运算结果赋值给 rec；

（4）将 a 与 b 左移 rec 位后的值进行按位异或运算；

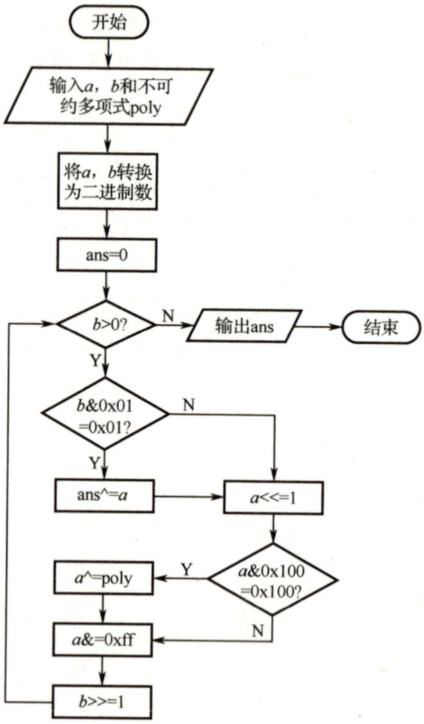

图 2-1　乘法运算流程图

（5）将 ans 与 1 左移 rec 位后的值进行按位异或运算，转第（2）步；

（6）输出 ans，算法结束。

除法运算流程图如图 2-2 所示。

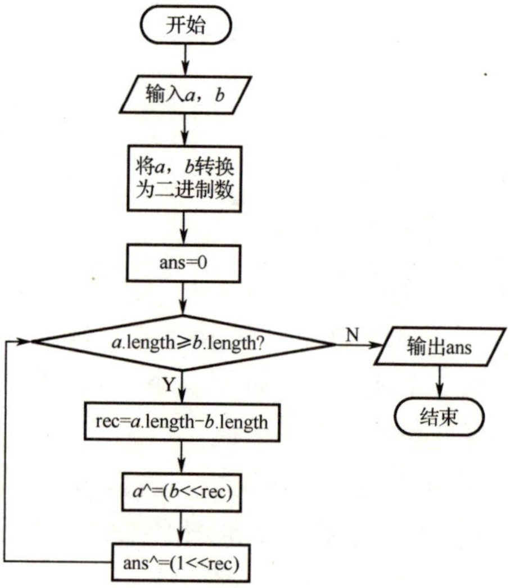

图 2-2　除法运算流程图

2.1.2　有限域欧几里得算法

有限域欧几里得算法与整数欧几里得算法类似，只需注意这里的四则运算和取模运算都是定义在 GF(2^8)上的。

求最大公约数的欧几里得算法的原理基于 $\gcd(a,b)=\gcd(b,a \bmod b)$ 。假设 $a=bq_0+r_0$ ，则有 $\gcd(a,b)=\gcd(b,r_0)$ ；同理可得，存在 q_1 和 r_1 ，使得 $b=r_0q_1+r_1$ ，则有 $\gcd(b,r_0)=\gcd(r_0,r_1)$ 。如此继续进行下去，直到 $r_n=0$ ， $\gcd(a,b)=\gcd(r_{n-1},r_n)=r_{n-1}$ 。

有限域下欧几里得算法的详细步骤如下：

（1）输入 a，b；

（2）判断 $a \bmod b$ 是否为 0，若是，则转第（4）步，否则转第（3）步；

（3）计算 $r=a \bmod b$ ，并令 $a=b$ ， $b=r$ ，转第（2）步；

（4）输出 b，算法结束。

有限域欧几里得算法流程图如图 2-3 所示。

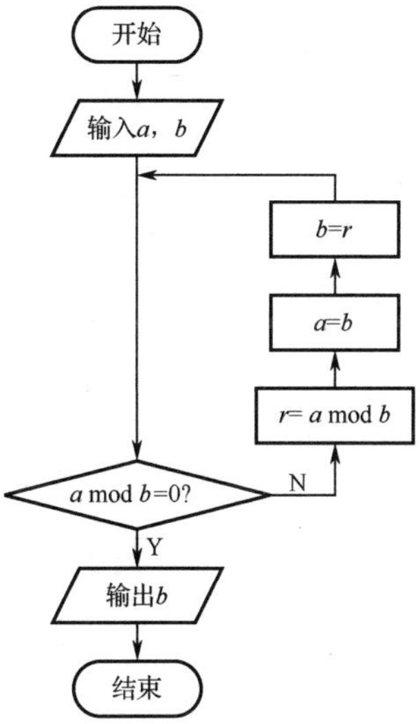

图 2-3　有限域欧几里得算法流程图

2.1.3　有限域求乘法逆元算法

在有限域 GF(p) 上，如果对任意一个非零元素 g，有 $ag+bp=\gcd(g,p)=1$ ，则有 $a\times g\equiv 1 \pmod p$，因此 a 就是 g 的乘法逆元，求解 g 的逆元的过程就是求解 a 的过程，因此可以利用有限域扩展欧几里得算法，求出元素的乘法逆元。

2.2 算法实现

2.2.1 有限域四则运算算法实现

算法实现使用 Java 语言。

1. 加法和减法实现

在有限域四则运算中，加法即为减法，算法的输入为有限域上的整数 a_1 和 a_2，输出为有限域加法结果 add，伪代码如下：

```
public int addorMinus(int a1, int a2){
    返回 add = a1 ^ a2;
}
```

2. 乘法实现

有限域上乘法运算的输入为有限域上的整数 a_1、a_2 及不可约多项式 poly，输出为有限域乘法结果 result，伪代码如下：

```
public int multiply(int a1, int a2, int poly) {
    result = 0;
    while (a2 > 0) {
        if (a2 的最低位为 1)
            result ^= a1;
        a1 = gmul(a1, poly) ;
        a2 >>= 1;
    }
    返回 result;
}
```

其中，gmul 函数用于计算中间结果，输入为 a 和不可约多项式 poly，伪代码如下：

```
public int gmul(int a, int poly) {
    a <<= 1;
    if a & 0x100 == 0x100
        a ^= poly;
    返回 a & 0xff;
}
```

3. 除法实现

有限域上除法运算的输入为有限域上的整数 a_1 和 a_2，输出为有限域除法结果 div，伪代码如下：

```
public int divide(int a1, int a2) {
    //len1 和 len2 分别代表二进制格式下 a1，a2 的长度，len 为两个长度的差
    len1 = a1.binary.length();
    len2 = a2.binary.length();
    len = len1-len2+1;
    //被除数位数小于除数
    if (len < 1)  返回 0;
    //被除数位数等于除数
    else if (len == 1)  返回 1;
    //被除数位数大于除数
    else if (len > 1) {
        div = 0;
        while (len1 >= len2) {
            a1 ^= (a2 << (len1 - len2));
            div ^= (1 << (len1 – len2));
            len1 = a1.binary.length();
        }
        返回 div;
    }
    返回-1;
}
```

2.2.2 有限域欧几里得算法实现

有限域欧几里得算法的输入为两个有限域上的整数 a_1 和 a_2，输出为其最大公约数 GCD，伪代码如下：

```
public int euclid(int a1, int a2) {
    while (a2 != 0) {
        tmp = mod(a1, a2);
        a1 = a2;
        a2 = tmp;
    }
    if (a2 == 0)  返回 a1;
}
```

有限域扩展欧几里得算法的输入为两个有限域上的整数 a_1 和 a_2，输出为最大公约数 GCD 和 x、y，使得 $a_1x + a_2y = \text{GCD}$，伪代码如下：

```
public int[] exEuclid(int a1, int a2) {
    if (a2 == 0)
```

```
            返回(a1, 1, 0);
        else{
            (GCD, xtmp, ytmp) = exEuclid(a2, mod(a1, a2));
            x = ytmp;
            y = xtmp ^ multiply(ytmp, divide(a1, a2));
            返回(GCD, x, y);
        }
    }
```

在上面算法中，除使用了有限域上的四则运算外，还使用了模运算。有限域上的四则运算实现可参考 2.2.1 节，有限域上的模运算实现将在下面给出。

模运算的输入为有限域上的两个整数 a_1 和 a_2，输出为其取模的结果，伪代码如下：

```
public int mod(int a1, int a2) {
    //len1 和 len2 分别代表二进制格式下 a1 和 a2 的长度，len 为两个长度的差
    len1 = a1.binary.length();
    len2 = a2.binary.length();
    len = len1-len2+1;
    //被除数位数小于除数
    if (len < 1)  返回 a1;
    //被除数位数等于除数
    else if (len == 1)  返回 a1 ^ a2;
    //被除数位数大于除数
    else if (len > 1) {
        div = new char[len];
        while (len1 >= len2) {
            a1 ^= (a2 << (len1-len2));
            len1 = a1.binary.length();
        }
        返回 a1;
    }
    返回-1;
}
```

2.2.3 有限域求乘法逆元算法实现

正如算法原理部分所述，在有限域上求逆元可直接调用有限域扩展欧几里得算法，算法的输入为一个有限域上的数 a 及不可约多项式 m，输出为其在有限域上的逆元 x，伪代码如下：

```
public int inverse(int a, int m){
    (GCD, x, y) = exEuclid(a, m);
```

```
        返回 x;
}
```

2.3 算法测试

2.3.1 有限域四则运算算法测试

有限域四则运算的输入为两个十六进制的整数，输出为运算结果。有限域四则运算测试数据如表 2-1 所示。

表 2-1 有限域四则运算测试数据

有限域四则运算	输 入 数 据	运 算 结 果
有限域加法	0x89+0x4d	0xc4
	0xaf+0x3b	0x94
	0x35+0xc6	0xf3
有限域减法	0x89−0x4d	0xc4
	0x9f−0x3b	0xa4
	0x35−0xc6	0xf3
有限域乘法	0xce*0xf1	0xef
	0x70*0x99	0xa2
	0x00*0xa4	0x00
有限域除法	0xde/0xc6	0x01
	0x8c/0x0a	0x14
	0x3e/0xa4	0x00

2.3.2 有限域欧几里得算法测试

算法的输入为两个十六进制整数 a、b，结果为 a、b 的最大公约数和 x、y，得 $ax+by=\gcd(a,b)$，有限域欧几里得算法测试数据见表 2-2。

表 2-2 有限域欧几里得算法测试数据

输入数据 a、b	x	y	最大公约数 $\gcd(a,b)$
0x75，0x35	0x19	0x3c	0x01
0xac，0x59	0x07	0x0f	0x03
0xf8，0x2e	0x04	0x1b	0x02
0x48，0x99	0x02	0x01	0x09

2.3.3 有限域求乘法逆元算法测试

算法的输入为一个十六进制整数，输出为该数据的逆元，有限域求乘法逆元测试数据见表 2-3。

表 2-3 有限域求乘法逆元测试数据

输 入 数 据	逆 元
0x8c	0xf7
0xbe	0x86
0x01	0x01
0x2d	0x44

2.4 思考题

（1）尝试编程实现 GF(2^n)上的乘法运算。

（2）尝试编程实现一般的有限域 GF(p^n)上的四则运算。

第 3 章　古典密码算法

密码学发展至今，其发展历史可分为三个阶段：古典密码学、现代密码学及公钥密码学。古典密码学所用的主要有两大基本方法：代替和置换。

（1）置换密码：明文中的字符保持不变，但其顺序发生了变化。

（2）代替密码：将明文中的字符替换为其他字符而得到密文。

古典密码学是密码学的根源，使用的置换与代替方法也是对称密码学中的基本方法，因此了解古典密码学的设计原理和分析方法有助于更好地理解现代密码学技术。本章将介绍几种常见的古典密码算法。

3.1　算法原理

3.1.1　置换密码

置换密码又称换位密码，其特点是对明文中字符的顺序按照一定的规则进行重新排列，而明文中的字符不会发生变化。最简单的置换密码为栅栏密码和矩阵密码。

1．栅栏密码

栅栏密码按照列的顺序将明文（去掉空格）写入 m 行 n 列的数组，按照行的顺序将字符重新组合得到密文，这种方式称为 m 栏栅栏密码。比较常见的是 2 栏栅栏密码（m 取 2）。下面举例说明。

当 $n=9$，$m=2$ 时，假设明文为

the rail fence cipher

加密过程如下：

（1）将明文去掉空格后得到：therailfencecipher。

（2）将明文按照列的顺序写入 2 行 9 列的数组：

t	e	a	l	e	c	c	p	e
h	r	i	f	n	e	i	h	r

（3）按行读取每一行内容，得到栅栏密码的密文为

tealeccpehrifneihr

解密过程如下：

（1）将密文分成 2 组：

tealeccpe

hrifneihr

（2）按照列的顺序将密文进行重新组合：th er ai lf en ce ci ph er。

（3）将组合后的字符拼接起来，根据语义添加相应的空格得到明文：the rail fence cipher。

2．矩阵密码

矩阵密码以一个字符串作为密钥，密钥中的字符各不相同。加密时，将明文消息按行写成矩阵块，之后以密文字符的顺序按列读出矩阵中的字符，得到密文。矩阵密码流程图如图 3-1 所示。

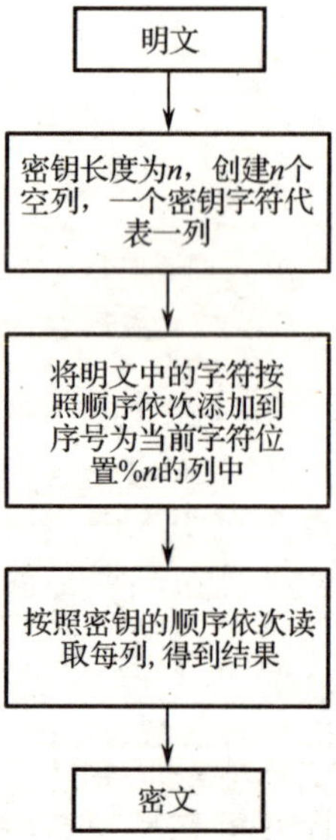

图 3-1　矩阵密码流程图

下面举例说明。

设密钥为 4231，明文为 this is an example。

第 1 步：创建 4 个空列，一个密钥字符代表一列。

4	2	3	1

第 2 步：将明文中的字符按照顺序依次填入列中。

4	2	3	1
t	h	i	s
i	s	a	n
e	x	a	m
p	l	e	

第 3 步：将填入的内容按照密钥的顺序依次读出每列：snm、hsxl、iaae、tiep，得到加密的密文为 snmhsxliaaetiep。

解密是加密的逆运算。首先计算出矩阵的行数，即用明文长度除以密钥长度并向上取整的结果，之后根据密钥顺序按列填充矩阵，最后按行读出，就是解密得到的消息。

3.1.2　代替密码

代替密码的特点是将明文中字符按照一定的规则替换成其他字符。下面分别介绍单表代替密码、仿射密码、维吉尼亚密码、弗纳姆密码及 Hill 密码。

1．单表代替密码

将 26 个英文字母分别替换为另一个字母，通信双方均持有一张固定的表，记录每个字母对应的代替字母。加密时，将明文中的字母按照密码表，用对应的字母进行代替，得到相应的密文。下面给出一个单表代替密码的具体例子，表 3-1 为单表代替密码中的置换表。

表 3-1　置换表

a	b	c	d	e	f	g	h	i	j	k	l	m	n	o	p	q	r	s	t	u	v	w	x	y	z
e	t	a	o	i	n	s	h	r	d	l	c	u	m	w	f	y	p	b	v	k	j	x	q	z	g

明文 word 通过表 3-1 进行代替，所得到的密文为 xwpo。

2．仿射密码

仿射密码将所有字母对应至相应数值，利用加密函数对字母进行加密，将得到的结果转换为相应的字母，从而得到密文。加密函数用以下公式表示：

$$E(x) = (ax + b) \bmod m$$

其中 a 和 m 互质，m 是字母的数量。

以英文字母表中的 26 个字母作为编码系统，将 26 个英文字母表示成 0～25 的数字，m 为字母的数量 26，选择与 26 互质的数字 3，加密函数为 $E(x) = (3x + 6) \bmod 26$。以明文 chinese 为例进行加密，表 3-2 为加密时的明、密文及中间数据。

表 3-2 加密时的明、密文及中间数据

明文	c	h	i	n	e	s	e
x	2	7	8	13	4	18	4
y=3x+6	12	27	30	45	18	60	18
y mod 26	12	1	4	19	18	8	18
密文	m	b	e	t	s	i	s

因此，得到的密文为 mbetsis。

3. 维吉尼亚密码

维吉尼亚密码是使用一系列凯撒密码组成密码字母表的加密算法，属于多表密码的一种简单形式。其中，凯撒密码是一种代替密码技术，其明文中的所有字母都在字母表中向后（或向前）按照一个固定数目进行偏移后被替换成密文。维吉尼亚密码选择多个密钥对明文中的字母进行偏移。

加密方法为$C=(P+K) \bmod 26$，其中C代表密文，P代表明文，K代表密钥。

下面举一个例子来说明，明文为 hello，密钥为 thist，得到的密文如表 3-3 所示。

表 3-3 得到的密文

明文	h	e	l	l	o
密钥	t	h	i	s	t
密文	a	l	t	d	h

将 26 个英文字母表示成 0～25 的数字，明文中的 h 为 7，密文 t 为 19，经过加密之后为 0，得到密文 a。

解密可通过公式$P=(C-K) \bmod 26$进行。

4. 弗纳姆密码

弗纳姆（Vernam）密码也称一次一密（One-Time-Pad），密钥长度和明文相同，运算过程基于二进制数形式而非字母，加、解密过程为按位异或，可简要表述如下。

加密：$c_i = p_i \oplus k_i$

解密：$p_i = c_i \oplus k_i$

图 3-2 为弗纳姆密码加密过程。

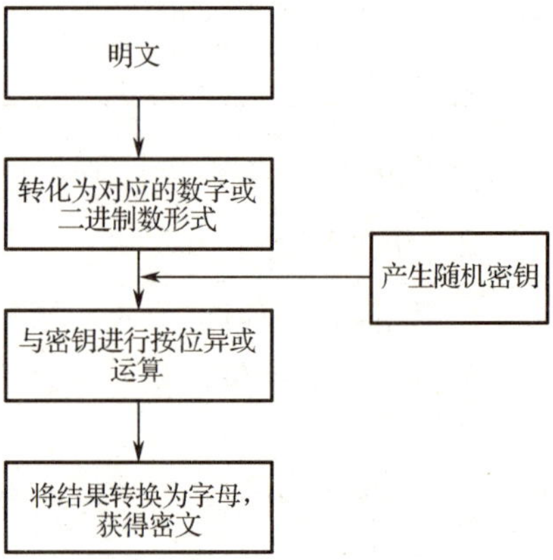

图 3-2 弗纳姆密码加密过程

5. Hill 密码

希尔密码（Hill Cipher）是运用基本矩阵论原理的代替密码技术，由 Lester S. Hill 在 1929 年发明。26 个英文字母可表示为 0～25 的数字，将明文转换为 n 维向量，与一

个 $n \times n$ 阶矩阵相乘后，将得到的结果模 26，即可得到密文对应的数值。

假设对明文 act 加密：a 为 0，c 为 2，t 为 19，对其进行向量化得到 $\boldsymbol{M}=[0,2,19]^{\mathrm{T}}$。选取 3×3 阶矩阵密钥：

$$\begin{bmatrix} 6 & 24 & 1 \\ 13 & 16 & 10 \\ 20 & 17 & 15 \end{bmatrix}$$

加密过程如下：

$$\begin{bmatrix} 6 & 24 & 1 \\ 13 & 16 & 10 \\ 20 & 17 & 15 \end{bmatrix}\begin{bmatrix} 0 \\ 2 \\ 19 \end{bmatrix}=\begin{bmatrix} 67 \\ 222 \\ 319 \end{bmatrix}\equiv\begin{bmatrix} 15 \\ 14 \\ 7 \end{bmatrix} \bmod 26$$

得到的密文为 poh。

解密时，必须先算出密钥的逆矩阵，再根据加密的过程做逆运算。

对 m 维 Hill 密码的已知明文攻击介绍如下。

由于 Hill 密码完全采用了线性代数的方法，因此较容易受到攻击，且很难抵抗已知明文攻击。已知明文攻击是一种攻击模式，指的是攻击者在掌握了某段明文和对应的密文的情况下发起的攻击。

对 m 维 Hill 密码的已知明文攻击步骤如下：

（1）假设已知的明/密文对都为 m 维向量，则可知密钥为一个 $m \times m$ 阶矩阵；

（2）根据公式 $\boldsymbol{M}\cdot\boldsymbol{K}=\boldsymbol{C}$，可得 $\boldsymbol{K}=\boldsymbol{M}^{-1}\cdot\boldsymbol{C}$，选取 m 个明/密文对构造明/密文矩阵 $\boldsymbol{M}$ 和 $\boldsymbol{C}$，可通过线性计算获得密钥 $\boldsymbol{K}$；

（3）通过其他的明/密文对验证密钥的正确性；

（4）当 m 未知的时候，需多次猜测 m 的值进行验证。

对 m 维 Hill 密码的已知明文攻击流程图如图 3-3 所示。

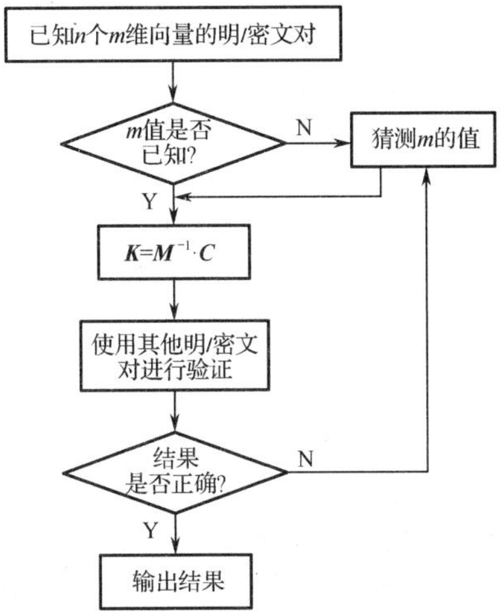

图 3-3　对 m 维 Hill 密码的已知明文攻击流程图

3.2 算法实现

3.2.1 栅栏密码实现

本节介绍如何实现算法，算法实现使用 Java 语言。

栅栏密码算法在实现时可以被定义为一个单独的类 RailfenceCipher，RailfenceCipher 类中包含的各种数据如表 3-4 所示。

表 3-4 RailfenceCipher 类中包含的各种数据

变 量 名	类 型	中 文 解 释
plaintext	String[]	输入的明文
ciphertext	String[]	输出的密文
row	int	行数
column	int	最大列数

除了数据定义，RailfenceCipher 类中还包含各种运算函数，如表 3-5 所示。

表 3-5 RailfenceCipher 类中包含的各种运算函数

函 数 名	类 型	中 文 解 释
encrypt	String[]	加密函数
decrypt	String[]	解密函数

通过上述的结构分析，得到 RailfenceCipher 类的声明代码：

```
public class RailfenceCipher{
    public String[] encrypt();
    public String[] decrypt();
}
```

下面给出加密函数的具体描述。算法加密时输入行数 row 和明文 plaintext，输出加密后的密文 ciphertext。加密函数伪代码如下：

```
public String[] encrypt(int row, String[] plaintext) {
    若明文不能正常分组，则用“*”填充;
    计算最大列数 column 为 plaintext.length/row 并向上取整;
    构造二维数组 ans，行数为 row，列数为 column;
    逐字符提取明文 plaintext，将提取出的字符按照从上到下、从左到右的顺序依次填入 temp;
    将 temp 按行填入 ciphertext;
    返回密文 ciphertext;
}
```

解密函数与加密函数类似，解密函数伪代码如下：

```
public String[] decrypt(int row, String[] ciphertext) {
    计算最大列数 column 为 plaintext.length/row 并向上取整;
    声明一个行数为 row，列数为 column 的二维数组 temp[][]，初始化时用“*”填充;
    计算最大列数 column;
    逐字符提取密文 ciphertext，将其按照从左到右、从上到下的顺序填入 temp;
    将 temp 按列填入 plaintext;
    返回明文 plaintext;
}
```

3.2.2 矩阵密码实现

矩阵密码是栅栏密码的一种改进，其在栅栏密码的基础上增加密钥序列，调整列的顺序。加密时，将明文按行写入二维数组，读入密钥序列后，以每一位密钥序列的值为下标，以该位的下标为值构造顺序表，输出时即可按照密钥序列来打乱列的次序。解密时则相反，将密文按列写入二维数组，按照密钥序列次序按行输出即可。与栅栏密码的处理方法相同，对于长度不能整除二维数组列数的情况，不用字母进行填充，输出时直接输出空格。

矩阵密码算法类中包含的各种数据如表 3-6 所示。

表 3-6 矩阵密码算法类中包含的各种数据

变 量 名	类 型	中 文 解 释
plaintext	String[]	输入的明文
ciphertext	String[]	输出的密文
key	int[]	密钥

除了数据定义，矩阵密码算法类中还包含各种运算函数，如表 3-7 所示。

表 3-7 矩阵密码算法类中包含的各种运算函数

函 数 名	类 型	中 文 解 释
encrypt	String[]	加密函数
decrypt	String[]	解密函数

首先实现加密函数，加密函数伪代码如下：

```
public String[] encrypt (String[] plaintext, int[] key) {
    若明文不能正常分组，则用“*”填充;
    计算最大行数 row 为 plaintext.length/key.length 并向上取整;
    构造二维数组 ans，行数为 row，列数为 key.length;
    逐字符提取明文 plaintext，将其按照从左到右、从上到下的顺序填入数组;
```

```
        根据密钥序列按密钥字符顺序读取每列数据;
        返回密文 ciphertext;
}
```

解密函数与加密函数类似，输入密钥 key 和密文 ciphertext，计算最大行数 row 并构造二维数组，逐字符提取密文，将其按照从左到右、从上到下的顺序填入数组，根据密钥序列按行输出即可。具体算法读者可自行实现。

3.2.3 单表代替密码实现

单表代替密码算法在实现时可以被定义为一个单独的类 MonoSubCipher，MonoSubCipher 类中包含的各种数据如表 3-8 所示。

表 3-8 MonoSubCipher 类中包含的各种数据

变量名	类型	中文解释
plaintext	String[]	输入的明文
ciphertext	String[]	输出的密文
keyBox	String[]	置换表
invKeyBox	String[]	反置换表

除了数据定义，MonoSubCipher 类中还包含各种运算函数，如表 3-9 所示。

表 3-9 MonoSubCipher 类中包含的各种运算函数

函数名	类型	中文解释
encrypt	String[]	加密函数
decrypt	String[]	解密函数

通过上述的结构分析，得到 MonoSubCipher 类的声明代码：

```
public class MonoSubCipher {
        public String[] encrypt();
        public String[] decrypt();
}
```

加密函数伪代码如下：

```
public String[] encrypt(String[] plaintext, String[] keyBox){
        对明文每个字符按照置换表进行替换;
        返回密文 ciphertext;
}
```

解密函数伪代码如下：

```
public String[] decrypt (String[] ciphertext, String[] invKeyBox){
    对密文每个字符按照反置换表进行替换;
    返回明文 plaintext;
}
```

3.2.4　仿射密码实现

仿射密码算法在实现时可以被定义为一个单独的类 Affine，Affine 类中包含的各种数据如表 3-10 所示。

表 3-10　Affine 类中包含的各种数据

变 量 名	类　型	中 文 解 释
plaintext	String[]	输入的明文
ciphertext	String[]	输出的密文
a	int	密钥
b	int	密钥

除了数据定义，Affine 类中还包含各种运算函数，如表 3-11 所示。

表 3-11　Affine 类中包含的各种运算函数

函 数 名	类　型	中 文 解 释
encrypt	String[]	加密函数
decrypt	String[]	解密函数

通过上述的结构分析，得到 Affine 类的声明代码：

```
public class Affine {
    public String[] encrypt();
    public String[] decrypt();
}
```

加密函数伪代码如下：

```
public String[] encrypt(String[] plaintext, int a, int b) {
    对明文进行编码;
    对明文的每个字符进行如下计算:
        密文字符 = (a*明文字符 + b) mod 26 ;
    返回密文 ciphertext;
}
```

解密函数伪代码如下：

```
public String[] decrypt(String[] ciphertext, int a, int b) {
    对密文进行编码;
    计算 a 在模 m 意义下的逆元 a^-1;
    对密文的每个字符进行如下计算:
        明文字符 = (a^-1*(密文字符 – b)) mod 26;
    返回明文 plaintext;
}
```

3.2.5 维吉尼亚密码实现

维吉尼亚密码是一种简单形式的多表代替密码技术。维吉尼亚密码算法在实现时可以被定义为一个单独的类 Vigenere，Vigenere 类中包含的各种数据如表 3-12 所示。

表 3-12 Vigenere 类中包含的各种数据

变 量 名	类 型	中 文 解 释
plaintext	String[]	输入的明文
ciphertext	String[]	输出的密文
key	String[]	密钥

除了数据定义，Vigenere 类中还包含各种运算函数，如表 3-13 所示。

表 3-13 Vigenere 类中包含的各种运算函数

函 数 名	类 型	中 文 解 释
encrypt	String[]	加密函数
decrypt	String[]	解密函数

通过上述的结构分析，得到 Vigenere 类的声明代码：

```
public class Vigenere{
    public String[] encrypt();
    public String[] decrypt();
}
```

加密函数伪代码如下：

```
public String[] encrypt(String[] plaintext, String[] key) {
    对 plaintext 和 key 进行编码;
    对 plaintext 的每个字符进行如下计算:
        密文字符 =(明文字符 + 密钥字符) mod 26;
    返回密文 ciphertext;
}
```

解密函数伪代码如下：

```
public String[] decrypt(String[] ciphertext, String[] key) {
    对 ciphertext 进行编码;
    对 ciphertext 的每个字符进行如下计算:
        明文字符 =(密文字符 - 密钥字符) mod 26;
    返回明文 plaintext;
}
```

3.2.6 弗纳姆密码实现

弗纳姆密码算法的明文和密文都可以定义为等长的二进制字符串，明文和密文直接通过与密钥进行异或运算互相转换，在实现时可以被定义为一个单独的类 Vernam，Vernam 类中包含的各种数据如表 3-14 所示。

表 3-14 Vernam 类中包含的各种数据

变 量 名	类 型	中 文 解 释
plaintext	String[]	输入的明文
ciphertext	String[]	输出的密文
key	String[]	密钥

除了数据定义，Vernam 类中还包含各种运算函数，如表 3-15 所示。

表 3-15 Vernam 类中包含的各种运算函数

函 数 名	类 型	中 文 解 释
encrypt	String[]	加密函数
decrypt	String[]	解密函数

通过上述的结构分析，得到 Vernam 类的声明代码：

```
public class Vernam{
    public String[] encrypt();
    public String[] decrypt();
}
```

弗纳姆密码算法的加密和解密过程比较简单，在加密和解密时分别循环执行下述异或操作即可。

加密函数伪代码如下：

```
public String[] encrypt(String[] plaintext, String[] key){
    对 plaintext 和 key 进行编码;
    对 plaintext 和 key 按位异或得到 ciphertext;
    返回密文 ciphertext;
}
```

解密函数伪代码如下：

```
public String[] decrypt(String[] ciphertext, String[] key){
    对 ciphertext 和 key 进行编码;
    对 ciphertext 和 key 按位异或得到 plaintext;
    返回明文 plaintext;
}
```

3.2.7 Hill 密码实现

Hill 密码是一种基于基本矩阵理论的代替密码，在本次算法实现中，用明文和密文向量左乘密钥矩阵。Hill 密码算法在实现时可以被定义为一个单独的类 Hill，Hill 类中包含的各种数据如表 3-16 所示。

表 3-16 Hill 类中包含的各种数据

变量名	类型	中文解释
plaintext	String[]	输入的明文
ciphertext	String[]	输出的密文
key	String[][]	密钥矩阵
invkey	String[][]	密钥的逆矩阵

除了数据定义，Hill 类中还包含各种运算函数，如表 3-17 所示。

表 3-17 Hill 类中包含的各种运算函数

函数名	类型	中文解释
mulitMatrix	String[][]	计算矩阵乘法
getInv	String[][]	计算逆矩阵
encrypt	String[]	加密函数
decrypt	String[]	解密函数

通过上述的结构分析，得到 Hill 类的声明代码：

```
public class Hill{
    public String[][] mulitMatrix();
    public String[][] getInv();
    public String[] encrypt();
    public String[] decrypt();
}
```

加密函数伪代码如下：

```
public String[] encrypt(String[] plaintext, String[][] key){
```

```
    对 plaintext 进行分组，编码为多组 n×n 矩阵形式;
    按顺序与 key 进行模 26 矩阵乘法;
    将结果编码为 ciphertext;
    返回密文 ciphertext;
}
```

解密函数伪代码如下：

```
public String[] decrypt(String[] ciphertext, String[][] key){
    调用 getInv，输入 key，计算 invkey;
    对 ciphertext 进行分组，编码为多组 n×n 矩阵形式;
    按顺序与 invkey 进行模 26 矩阵乘法;
    将结果编码为 plaintext;
    返回明文 plaintext;
}
```

对 m 维 Hill 密码的已知明文攻击算法实现介绍如下。

对 m 维 Hill 密码的已知明文攻击在实现时可以被定义为一个单独的类 AttackHill，AttackHill 类中包含的各种数据如表 3-18 所示。

表 3-18　AttackHill 类中包含的各种数据

变量名	类型	中文解释
plaintext	String[]	输入的明文
ciphertext	String[]	输出的密文
n	int	密钥维数
M	String[][]	明文可逆矩阵
C	String[][]	M 对应的密文矩阵
key	String[][]	密钥

除了数据定义，AttackHill 类中还包含各种运算函数，如表 3-19 所示。

表 3-19　AttackHill 类中包含的各种运算函数

函数名	类型	中文解释
decrypt	String[][]	解密函数
choose	String[][][]	获取可逆矩阵

通过上述的结构分析，得到 AttackHill 类的声明代码：

```
public class AttackHill{
    public String[][] decrypt();
    public String[][][] choose();
}
```

获取可逆矩阵的伪代码如下：

```
public String[][][] choose(String[] plaintext, String[] ciphertext, int n){
    从所有明文中选择可逆的明文矩阵 M 和对应的密文矩阵 C;
    计算 M^-1;
    返回 M^-1 和 C;
}
```

解密函数伪代码如下：

```
public String[] decrypt(String[] plaintext, String[] ciphertext, int n){
    调用 choose 函数，获取 M^-1 和 C;
    进行如下计算：
        key = (M^-1*C) ;
    返回 key;
}
```

上述伪代码中关于求逆的算法和矩阵乘法在 Hill 密码实验部分已经给出，这里不再赘述。

3.3 算法测试

3.3.1 栅栏密码测试

可自定义行数 n，当 $n=3$ 或 $n=2$ 时，测试数据如表 3-20 所示。

表 3-20 栅栏密码测试数据

行 数	明 文	密 文
n=3	whateverisworthdoingisworthdoingwell	wtesrdnsrdneherwtogwtoglaviohiiohiwl
n=2	healthismoreimportantthanwealth	hatimriprathnelhelhsoemotntawat

3.3.2 矩阵密码测试

以密钥 key = 6234517 或 key = 7345261 为例，测试数据如表 3-21 所示。

表 3-21 矩阵密码测试数据

密 钥	明 文	密 文
6234517	tobeornottobethatisaquestion	reaootaebttseoitobsitohuntqn
7345261	ohtheworldhasbeenmadebyfools	obeseaaohleytdnfhhmowsdloreb

3.3.3 单表代替密码测试

单表代替密码置换表如表 3-22 所示，单表代替密码测试数据如表 3-23 所示。

表 3-22 单表代替密码置换表

a	b	c	d	e	f	g	h	i	j	k	l	m	n	o	p	q	r	s	t	u	v	w	x	y	z
q	a	z	w	s	x	e	d	c	r	f	v	t	g	b	y	h	n	u	j	m	i	k	l	o	p

表 3-23 单表代替密码测试数据

明　　文	密　　文
doyouwannatodance	wbobmkqggqjbwqgzs
pysibrjgbxxhbrig	youcanreallydance

3.3.4 仿射密码测试

编程实现仿射密码，明文为 p，密文为 c，且 $c=(kp+b) \bmod 26$。若参数 k 不合法，则报错。表 3-24 给出了仿射密码测试数据。

表 3-24 仿射密码测试数据

k，b	明　　文	密　　文
k=3，b=1	iambuaaer	zblejbbna
k=5，b=5	beijinghuanyingni	kztytsjobfsytsjst
k=7，b=10	cryptography	yzwlneazklhw
k=9，b=13	seeyoutomorrow	txxvjlcjrjkkjd
k=15，b=20	thisisciphertext	tvkekeyklvcptcbt
k=2，b=1	abcdef	报错

3.3.5 维吉尼亚密码测试

要求实现加密与解密功能，字符编号：a为0，b为1，…，z为25，模数为 26。表 3-25 给出了 3 组测试数据。

表 3-25 维吉尼亚密码测试数据

密　　钥	明　　文	密　　文
deceptive	wearediscoveredsaveyourself	zicvtwqngrzgvtwavzhcqyglmgj
chinese	zhonghuaminzuweidafuxing	bowakzyctqadmagplnjmbkuo
music	chenxingyinyueting	obwvzuhygkzsmmvuhy

3.3.6 弗纳姆密码测试

要求实现加密与解密功能。表 3-26 给出了 3 组十六进制测试数据，可直接按位异或。

表 3-26 弗纳姆密码测试数据

密 钥	明 文	密 文
0xf1571c94	0x01234567	0xf07459f3
0x3475bd76fa040b73	0x1b5e8b0f1bc78d23	0x2f2b3679e1c38650
0x2b24424b9fed596659842a4d0b007c61	0x41b267bc5905f0a3cd691b3ddaee149d	0x6a9625f7c6e8a9c594ed3170d1ee68fc

3.3.7 Hill 密码测试

明文左乘矩阵即可生成所需的密文，表 3-27 给出了具有不同阶数密钥的 3 组测试数据。

表 3-27 Hill 密码测试数据

密 钥	明 文	密 文
[5,8;17,3]	loveyourself	haryuazdcakz
[6,24,1;13,16,10;20,17,15]	ysezymxvv	qweasdzxc
[25,0,0,0;25,9,0,0;0,6,21,6;20,7,6,1]	thisisnotciphertext	wdqouatotpylfldrrorh

对 *m* 维 Hill 密码的已知明文攻击算法测试介绍如下。

字符编号：a为0，b为1，…，z为25，模数为 26。表 3-28 给出了 2 组测试数据。

表 3-28 *m* 维 Hill 密码的已知明文攻击测试数据

明 文	密 文	*m*	明文分组 *X*	密文分组 *K*	*X* 的逆	密钥 *K*
youarepretty	kqoimjvdbokn	2	repr	mjvd	[7,6;3,7]	[2,3;1,22]
youaresocute	ywwpcwsogfuk	3	无解	无解	null	无解

3.4 思考题

（1）对于 *m* 维 Hill 密码，请使用 *m* 表示其破解效率。

（2）请指出古典密码体制的缺陷与不足。

（3）请指出一次一密的两个问题。

第 4 章　DES 算法

DES（Data Encryption Standard）即数据加密标准，是一种对称加密方案，1977 年被美国国家标准与技术研究所确定为联邦信息处理标准 46（FIPS PUB 46），并授权在非密级政府通信中使用，随后该算法在国际上广泛流行起来。DES 算法是分组加密算法的典型代表，同时也是应用最为广泛的对称加密算法之一。

4.1　算法原理

4.1.1　DES 算法整体结构

DES 算法的明文每 64 位为一组，密钥长 64 位（事实上有 56 位参与 DES 运算，其他 8 位为校验位）。DES 算法的整体结构如图 4-1 所示。

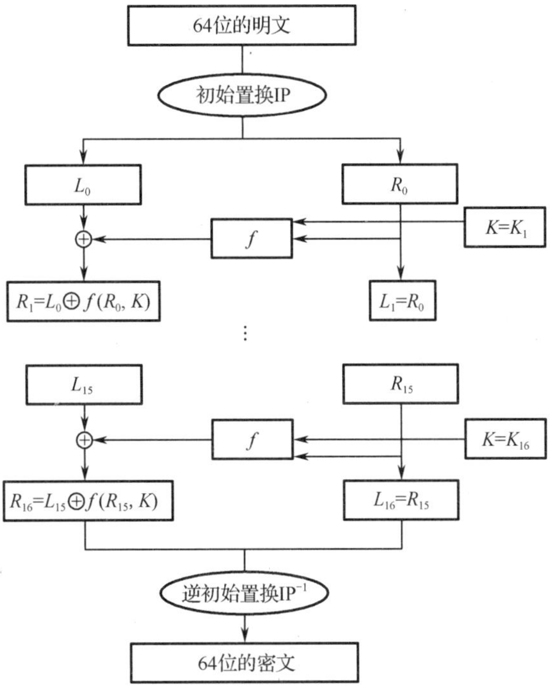

图 4-1　DES 算法的整体结构

DES 算法对 64 位明文进行操作，首先利用初始置换 IP 对明文块的位进行换位。初始置换的作用在于打乱原有输入消息。经过初始置换 IP 之后，明文被分成左半部分 L_0 和右半部分 R_0，各 32 位。然后利用 f 函数进行 16 轮完全相同的迭代，其中在每轮加密中，数据均需要与相应的子密钥进行异或运算。每轮函数加密可表示为

$$L_n = R_{n-1}$$

$$R_n = L_{n-1} \oplus f(R_{n-1}, K_n)$$

特别需要注意的是，经过 16 轮迭代后，将 R_{16} 和 L_{16} 并在一起形成一个分组，再进行逆初始置换。逆初始置换相当于初始置换的逆过程。逆初始置换结果即为算法的输出。初始置换 IP 和逆初始置换 IP^{-1} 见表 4-1 和表 4-2。

表 4-1　初始置换 IP

58	50	42	34	26	18	10	2
60	52	44	36	28	20	12	4
62	54	46	38	30	22	14	6
64	56	48	40	32	24	16	8
57	49	41	33	25	17	9	1
59	51	43	35	27	19	11	3
61	53	45	37	29	21	13	5
63	55	47	39	31	23	15	7

表 4-2　逆初始置换 IP^{-1}

40	8	48	16	56	24	64	32
39	7	47	15	55	23	63	31
38	6	46	14	54	22	62	30
37	5	45	13	53	21	61	29
36	4	44	12	52	20	60	28
35	3	43	11	51	19	59	27
34	2	42	10	50	18	58	26
33	1	41	9	49	17	57	25

4.1.2　DES 算法详细结构

DES 算法加密的每轮运算结构如图 4-2 所示，包含扩展置换（E 盒）、非线性代换（S 盒）和线性置换（P 盒）3 种基本操作。

1．扩展置换

E 盒的作用是将 32 位扩展到 48 位，扩展置换表见表 4-3。

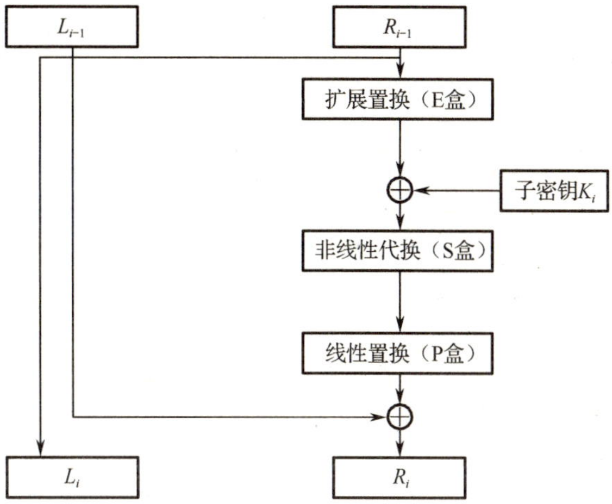

图 4-2 DES 算法加密的每轮运算结构

表 4-3 扩展置换表

32	1	2	3	4	5
4	5	6	7	8	9
8	9	10	11	12	13
12	13	14	15	16	17
16	17	18	19	20	21
20	21	22	23	24	25
24	25	26	27	28	29
28	29	30	31	32	1

表 4-3 中，中间部分为 32 位，两边为扩展位。在表中的第 1 列重复了原数据的第 $4i$（$1\leqslant i\leqslant 8$）位，向下平移；在表中的第 6 列重复了原数据的第 $4i+1$位（$0\leqslant i\leqslant 7$），向上平移。

2. 非线性代换

S 盒的作用是进行非线性代换。经过 E 盒扩展之后得到的 48 位数据，可分成 8 组，每组 6 位，将其输入 8 个不同的 S 盒（S_0～S_7），得到一个 32 位的输出。每个 S 盒都是 6 位输入、4 位输出的结构，其中第 1 位和最后 1 位作为行号，第 2 位到第 5 位作为列号。例如，010111 的行号为 01=1，列号为 1011=11。查表得(1,11)=11，二进制数为 1011。S 盒结构如表 4-4 所示。

表 4-4 S 盒结构

S_0

14	4	13	1	2	15	11	8	3	10	6	12	5	9	0	7
0	15	7	4	14	2	13	1	10	6	12	11	9	5	3	8
4	1	14	8	13	6	2	11	15	12	9	7	3	10	5	0
15	12	8	2	4	9	1	7	5	11	3	14	10	0	6	13

S_1

15	1	8	14	6	11	3	4	9	7	2	13	12	0	5	10
3	13	4	7	15	2	8	14	12	0	1	10	6	9	11	5
0	14	7	11	10	4	13	1	5	8	12	6	9	3	2	15
13	8	10	1	3	15	4	2	11	6	7	12	0	5	14	9

S_2

10	0	9	14	6	3	15	5	1	13	12	7	11	4	2	8
13	7	0	9	3	4	6	10	2	8	5	14	12	11	15	1
13	6	4	9	8	15	3	0	11	1	2	12	5	10	14	7
1	10	13	0	6	9	8	7	4	15	14	3	11	5	2	12

S_3

7	13	14	3	0	6	9	10	1	2	8	5	11	12	4	15
13	8	11	5	6	15	0	3	4	7	2	12	1	10	14	9
10	6	9	0	12	11	7	13	15	1	3	14	5	2	8	4
3	15	0	6	10	1	13	8	9	4	5	11	12	7	2	14

S_4

2	12	4	1	7	10	11	6	8	5	3	15	13	0	14	9
14	11	2	12	4	7	13	1	5	0	15	10	3	9	8	6
4	2	1	11	10	13	7	8	15	9	12	5	6	3	0	14
11	8	12	7	1	14	2	13	6	15	0	9	10	4	5	3

S_5

12	1	10	15	9	2	6	8	0	13	3	4	14	7	5	11
10	15	4	2	7	12	9	5	6	1	13	14	0	11	3	8
9	14	15	5	2	8	12	3	7	0	4	10	1	13	11	6
4	3	2	12	9	5	15	10	11	14	1	7	6	0	8	13

S_6

4	11	2	14	15	0	8	13	3	12	9	7	5	10	6	1
13	0	11	7	4	9	1	10	14	3	5	12	2	15	8	6
1	4	11	13	12	3	7	14	10	15	6	8	0	5	9	2
6	11	13	8	1	4	10	7	9	5	0	15	14	2	3	12

S_7

13	2	8	4	6	15	11	1	10	9	3	14	5	0	12	7
1	15	13	8	10	3	7	4	12	5	6	11	0	14	9	2
7	11	4	1	9	12	14	2	0	6	10	13	15	3	5	8
2	1	14	7	4	10	8	13	15	12	9	0	3	5	6	11

3. 线性置换

P 盒的作用是进行线性置换（简单的位置置换），经过 P 盒，由 32 位输入可得到 32 位输出。置换后的结果与最初的 64 位分组中的左半部分 32 位分组异或，然后左、右半部分分别进行换位，开始下一轮迭代。P 盒结构如表 4-5 所示。

表 4-5　P 盒结构

16	7	20	21	29	12	28	17
1	15	23	26	5	18	31	10
2	8	24	14	32	27	3	9
19	13	30	6	22	11	4	25

4.1.3　密钥选择

1. 密钥生成算法

在密钥生成算法中，主要经过了初始置换选择 PC-1、循环移位运算和置换选择 PC-2 的过程，最终生成所需要的 16 轮子密钥，如图 4-3 所示。

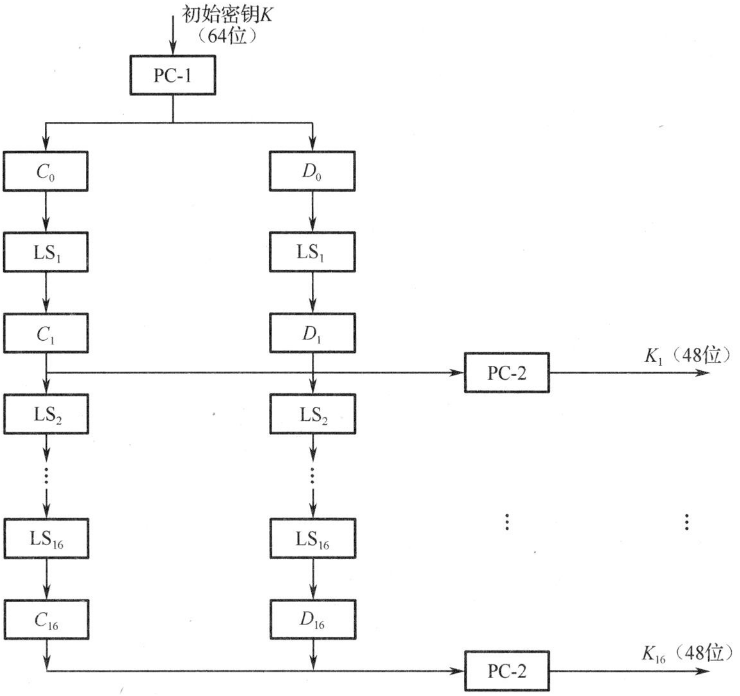

图 4-3　密钥生成算法

在初始密钥中，第 8、16、24、32、40、48、56、64 位为奇偶校验位，其余为有效位。初始置换选择 PC-1（如表 4-6 所示）的作用就是筛选出这 56 位有效位，筛选后将其分为两组分别放入 C 寄存器和 D 寄存器中，之后经过循环左移（移位词序表如表 4-7 所示），再经过置换选择 PC-2（如表 4-8 所示）。其中，PC-2 把 C 中的第 9、18、22、25 位和 D 中的第 7、10、15、26 位删去，其余部分经过置换之后输出 48 位的轮密钥。

表 4-6　初始置换选择 PC-1

57	49	41	33	25	17	9
1	58	50	42	34	26	18
10	2	59	51	43	35	27
19	11	3	60	52	44	36
63	55	47	39	31	23	15
7	62	54	46	38	30	22
14	6	61	53	45	37	29
21	13	5	28	20	12	4

表 4-7　移位词序表

轮	1	2	3	4	5	6	7	8	9	10	11	12	13	14	15	16
位数	1	1	2	2	2	2	2	2	1	2	2	2	2	2	2	1

表 4-8 置换选择 PC-2

14	17	11	24	1	5	3	28
15	6	21	10	23	19	12	4
26	8	16	7	27	20	13	2
41	52	31	37	47	55	30	40
51	45	33	48	44	49	39	56
34	53	46	42	50	36	29	32

2. 弱密钥和半弱密钥

在选择密钥时需要注意，DES 算法存在弱密钥（Weak Key）和半弱密钥（Semi-Weak Key）。

在密钥生成算法中，若给定初始密钥 K，经密钥生成，有 $K_1 = K_2 = \cdots = K_{16}$，则称 K 为弱密钥。DES 算法存在 8 组弱密钥，经过变换后会得到全 0，全 1 或 0、1 交替的 C_0 和 D_0，之后就会得到 16 个完全相同的子密钥。在这种情况下，攻击者只需要将密文再次输入同一个加密算法，就可以恢复出原始的明文，即 $E_K(E_K(m)) = m$。

若给定初始密钥 K_0 和 K_1，两个密钥生成的子密钥对称，则称 K 为半弱密钥，攻击者只需通过对称密钥 K_1，对由 K_0 加密得到的密文再次加密，就能恢复出原始的明文，即 $E_{K_1}(E_{K_0}(m)) = m$。

4.2　算法实现

算法实现使用 Java 语言。DES 算法在实现时可以被定义为一个单独的类 DES，DES 类中包含的各种数据如表 4-9 所示。

表 4-9　DES 类中包含的各种数据

变 量 名	类　型	中 文 解 释
ciphertext	byte[]	输入的密文
plaintext	byte[]	输出的明文
roundKey	byte[][]	轮密钥
key	byte[]	初始密钥
right	byte[]	右半部分分组消息
afterExtend	byte[]	经过扩展置换（E 盒）的消息
afterSbox	byte[]	经过非线性代换（S 盒）的消息
afterRoundKey	byte[]	经过轮密钥加的消息

除了数据定义，DES 类中还包含各种运算函数，如表 4-10 所示。

表 4-10　DES 类中包含的各种运算函数

函 数 名	类　型	中 文 解 释
extend	byte[]	进行扩展置换（E 盒）
addRoundKey	byte[]	进行轮密钥加
sbox	byte[]	进行非线性代换（S 盒）
pbox	byte[]	进行线性置换（P 盒）
IP	byte[]	进行 IP 置换
inverseIP	byte[]	进行 IP 逆置换
F	byte[]	轮函数 f
generateKey	byte[][]	轮密钥生成函数
encrypt	byte[]	加密函数
decrypt	byte[]	解密函数

函数之间的调用关系如图 4-4 所示。

通过上述的结构分析，得到 DES 类的声明代码：

```
public class DES {
    private byte[] extend();
    private byte[] addRoundKey();
    private byte[] sbox();
    private byte[] pbox();
    private byte[] IP();
```

```
    private byte[] inverseIP();
    private byte[] F();
    public byte[][] generateKey();
    public byte[] encrypt();
    public byte[] decrypt();
}
```

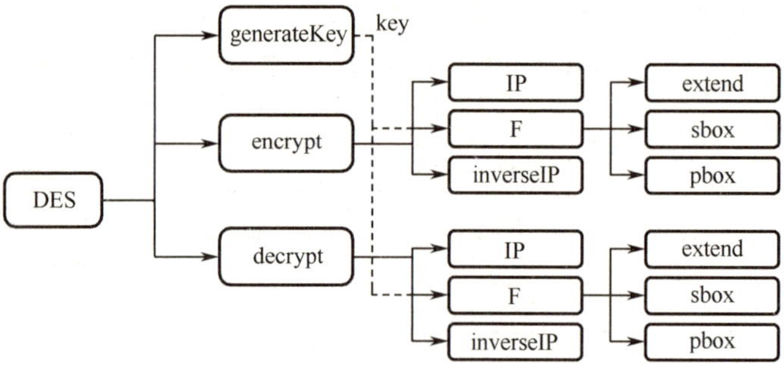

图 4-4 函数之间的调用关系

4.2.1 密钥生成函数

获得初始密钥后，通过调用 generateKey 函数生成加、解密时每一轮需要的子密钥（轮密钥），函数的输入为 56 位初始密钥 key，输出为 16 组 48 位轮密钥 roundKey，函数伪代码如下：

```
public byte[][] generateKey(byte[] key) {
    //选择第 1 个置换矩阵进行置换，分为 C、D 两部分
    for (i = 0 to 27) {
        C[i] = key[PC-1-C[i] - 1];
        D[i] = key[PC-1-D[i] - 1];
    }
    for (i = 0 to 15) {
        //进行循环左移操作
        C = reLeftRow(C, moveNum[i]);
        D = reLeftRow(D, moveNum[i]);
        //选择第 2 个置换矩阵进行置换
        for (j = 0 to 47) {
            if (replace2[j] <= 28)
            then roundKey[i][j] = C[replace2[j] - 1];
            else roundKey[i][j] = D[replace2[j] - 28 - 1];
        }
    }
    返回 roundKey;
}
```

4.2.2　加密函数

获得子密钥后，使用加密函数进行加密运算。函数的输入为 64 位明文消息 plaintext 和轮密钥 roundKey，输出为 64 位密文 ciphertext，函数伪代码如下：

```
public byte[] encrypt(byte[] plaintext, byte[] roundKey) {
    初始置换 IP(message);
    将明文分成左半部分 L[0]和右半部分 R[0];
    //轮函数加密迭代
    for (i = 1 to 16) {
        L[i] = R[i-1];
        R[i] = xor(L[i-1], f(R[i-1], roundKey[i-1]));
    }
    左、右部分合并;
    逆初始置换 inverseIP(afterF);
    返回密文;
}
```

下面介绍加密函数中的主要子函数。

1. 初始置换

函数的输入为 64 位的明文消息，输出为经过初始置换 IP 的 64 位消息，函数伪代码如下：

```
public byte[] IP(byte[] message) {
    //result 为经过初始置换的消息
    for (i = 0 to 63) {
        result[i] = message[IP[i]-1];
    }
    返回 result;
}
```

2. F 函数

函数的输入为 32 位的右侧分组消息和轮密钥，输出为 32 位经过 F 函数的消息，函数伪代码如下：

```
byte[] F(byte[] right, byte[] K) {
    扩展置换，extend();
    和轮密钥按位异或，addRoundKey();
    输出经过 S 盒，sbox();
    线性置换，pbox();
}
```

3. 初始逆置换

函数的输入为经过合并的64位分组消息，输出为64位密文，函数伪代码如下：

```
private byte[] inverseIP(byte[] afterF) {
    //cipher 为经过逆初始置换的密文
    for (i = 0 to 63) {
        cipher[i] = afterF[IIP[i] - 1];
    }
    返回密文 ciphertext;
}
```

4.2.3 解密函数

DES算法的解密函数与加密函数基本一致，主要区别在于使用轮密钥的顺序不同，函数的输入为64位密文和轮密钥roundKey，输出为64位明文消息plaintext，函数伪代码如下：

```
private byte[] decrypt(byte[] ciphertext, byte[][] roundKey) {
    初始置换 IP(cipher);
    将密文分成左半部分 L[0]和右半部分 R[0];
    //轮函数解密迭代
    for (i = 16 to 1) {
        L[i-1] = xor(R[i], F(L[i], roundKey[i-1]));
        R[i-1] = L[i];
        R[i] = xor(L[i-1], F(R[i-1], roundKey[i-1]));
    }
    左、右部分合并;
    逆初始置换 inverseIP(afterF);
    返回明文 plaintext;
}
```

4.2.4 基本变换函数

1. 扩展置换（E盒）

F函数的第1步需要对输入的数据进行扩展置换，extend函数的输入为32位的右侧分组消息，输出为48位的经过扩展置换的消息，函数伪代码如下：

```
private byte[] extend(byte[] right) {
    //result 为经过扩展置换的消息
    for (i = 0 to 47) {
        result[i] = right[E[i]-1];
```

```
    }
    返回 result;
}
```

2．轮密钥加

F 函数的第 2 步需要将扩展置换后的消息（扩展消息）与当前轮密钥进行异或运算。

```
private byte[] addRoundKey(byte[] afterExtend, byte[] roundKey)
{
    //result 为经过轮密钥加后的消息
    for (i = 0 to 47) {
        xor(afterExtend[i], roundKey[i]);
    }
    返回 result;
}
```

3．非线性代换（S 盒）

F 函数的第 3 步需要对轮密钥加之后的消息使用 S 盒进行非线性代换。sbox 函数的输入为轮密钥加之后的值，输出为 32 位的经过非线性代换的消息，函数伪代码如下：

```
private byte[] sbox(byte[] afteraddRoundKey) {
    //result 为经过 S 盒的消息
    for (i = 0 to 47 ) {
        //确定 S 盒对应的坐标
        int j = t[i] * 2 + t[i+5];      //b1b6
        int k = t[i+1] * 8 + t[i+2] * 4 + t[i+3] * 2 + t[i+4];      //b2b3b4b5
        进行非线性代换得到 result;
        i=i+6;
    }
    返回 result;
}
```

4．线性置换（P 盒）

F 函数的第 4 步需要对 S 盒的输出结果进行线性置换，pbox 函数的输入为 32 位的分组消息，输出为 32 位的经过线性置换的消息，函数伪代码如下：

```
private byte[] pbox(byte[] afterSbox) {
    //result 为经过 P 盒的消息
    for (i = 0 to 31) {
        result[i] = afterSbox[P[i] - 1];
    }
    返回 result;
}
```

4.3 算法测试

4.3.1 输入和输出

在 DES 算法中，密钥的选择会影响加密的效果。根据不同密钥，有如下几组输入与输出数据，数据使用十六进制数表示。

当密钥 key 为正常密钥时，测试数据如表 4-11 所示。

表 4-11 正常密钥测试数据

序 号	密 钥	明 文	密 文
正常密钥 1	0x0f1571c947d9e859	0x02468aceeca86420	0xda02ce3a89ecac3b
正常密钥 2	0xfedcba9876543210	0x0123456789abcdef	0xed39d950fa74bcc4

当密钥 key 为弱密钥时，测试数据如表 4-12 所示。

表 4-12 弱密钥测试数据

序 号	密 钥	明 文	密 文
弱密钥 1	0x0101010101010101	0x0123456789abcdef	0x617b3a0ce8f07100
弱密钥 2	0xfefefefefefefefe	0x0123456789abcdef	0x6dce0dc9006556a3
弱密钥 3	0xe0e0e0e0f1f1f1f1	0x0123456789abcdef	0xee600bc06fc9ef23
弱密钥 4	0x1f1f1f1f0e0e0e0e	0x0123456789abcdef	0xdb958605f8c8c606
弱密钥 5	0x0000000000000000	0x0123456789abcdef	0x617b3a0ce8f07100
弱密钥 6	0xffffffffffffffff	0x0123456789abcdef	0x6dce0dc9006556a3
弱密钥 7	0xe1e1e1e1f0f0f0f0	0x0123456789abcdef	0xee600bc06fc9ef23
弱密钥 8	0x1e1e1e1e0f0f0f0f	0x0123456789abcdef	0xdb958605f8c8c606

当密钥 key 为半弱密钥时，测试数据如表 4-13 所示。

表 4-13 半弱密钥测试数据

序 号	密 钥	明 文	密 文	对称密钥
半弱密钥 1	0x011f011f 010e010e	0x01234567 89abcdef	0x6f2c1f78 866ccf13	0x1f011f01 0e010e01
半弱密钥 2	0x01e001e0 01f101f1	0x01234567 89abcdef	0x35c36826 9fefe0df	0xe001e001 f101f101
半弱密钥 3	0x01fe01fe 01fe01fe	0x01234567 89abcdef	0x8a76c7a4 f16d47ed	0xfe01fe01 fe01fe01
半弱密钥 4	0x1fe01fe0 0ef10ef1	0x01234567 89abcdef	0x7ccf6635 9f9dfc11	0xe01fe01f f10ef10e
半弱密钥 5	0x1ffe1ffe 0efe0efe	0x01234567 89abcdef	0x7cf3daad e2867199	0xfe1ffe1f fe0efe0e

续表

序　　号	密　　钥	明　　文	密　　文	对 称 密 钥
半弱密钥 6	0xe0fee0fe f1fef1fe	0x01234567 89abcdef	0xedbfd1c6 6c29ccc7	0xfee0fee0 fef1fef1

4.3.2　中间数据

下面给出一组参考的测试数据。

输入：0x02468aceeca86420

密钥：0x0f1571c947d9e859

中间数据如表 4-14 所示。

表 4-14　中间数据

初始置换 IP 结果			0x5a005a003cf03c0f			
轮　　数	初始状态	扩展置换	子密钥异或	S 盒	P 盒	异或并换位
第 1 轮	0x5a005a003cf03c0f	0x9f97a01f805e	0xe7a4633f5a2e	0xa32f11c2	0xe0d27245	0x3cf03c0fbad22845
第 2 轮	0x3cf03c0fbad22845	0xdf56a415020b	0xf44cd0df4ad3	0x68f19445	0xa5198b2c	0xbad2284599e9b723
第 3 轮	0xbad2284599e9b723	0xcf3f53dae907	0x43478b5b3a1a	0x3c8ffec0	0xb17c13db	0x99e9b7230bae3b9e
第 4 轮	0x99e9b7230bae3b9e	0x057d5c1f7cfc	0x131a248c6a5c	0xdb898f1c	0xdba8e16a	0x0bae3b9e42415649
第 5 轮	0x0bae3b9e42415649	0xa04202aac252	0x6e1f0372c977	0x5de8ecd0	0x131dc1df	0x4241564918b3fa41
第 6 轮	0x4241564918b3fa41	0x8f15a7ff4202	0xc4beeaed289e	0x525b4d47	0xd457a86a	0x18b3fa419616fe23
第 7 轮	0x18b3fa419616fe23	0xcac0ad7fc107	0xc334260ef096	0xf610babe	0x7fa286b3	0x9616fe2367117cf2
第 8 轮	0x9616fe2367117cf2	0x30e8a2bf97a4	0x41e5481cb78f	0x3a50cc14	0x570d022a	0x67117cf2c11bfc09
第 9 轮	0x67117cf2c11bfc09	0xe028f7ff8053	0xf2b24fccc790	0x5f33f61a	0xef6ec09e	0xc11bfc09887fbc6c
第 10 轮	0xc11bfc09887fbc6c	0x4503ffdf8359	0xd93b99c1025a	0x7001f040	0xa1148282	0x887fbc6c600f7e8b
第 11 轮	0x887fbc6c600f7e8b	0xb0005ebfd456	0x126e1279b112	0xdb529b29	0x7de9ec02	0x600f7e8bf596506e
第 12 轮	0x600f7e8bf596506e	0x7abcac2a035d	0x32cb8842a095	0xbd0088b6	0x138a4633	0xf596506e738538b8
第 13 轮	0xf596506e738538b8	0x3a7c0a9f15f0	0xfae1736fc1fb	0x01049675	0x33307c20	0x738538b8c6a62c4e
第 14 轮	0x738538b8c6a62c4e	0x60d50c15825d	0xa5376f5b9477	0x40f8f6e0	0x253585cd	0xc6a62c4e56b0bd75
第 15 轮	0xc6a62c4e56b0bd75	0xaad5a15fabaa	0x090a23c3d2c2	0x498ff892	0xb34ed1c1	0x56b0bd7575e8fd8f
第 16 轮	0x56b0bd7575e8fd8f	0xbabf517fbc5e	0x1cad5a32f07b	0x4becbad5	0x7339d9e5	0x75e8fd8f25896490
逆初始置换 IP^{-1} 结果			0xda02ce3a89ecac3b			

4.4　思考题

（1）试简要阐述 DES 算法中初始置换、扩展置换、非线性代换和线性置换的作用。

（2）DES 算法存在雪崩效应，试简要说明。

第 5 章　AES 算法

5.1　算法原理

高级加密标准（Advanced Encryption Standard，AES）又称 Rijindael 算法，由比利时著名密码学家 Joan Daemen 和 Vincent Rijmen 设计，是美国联邦政府采用的一种分组加密标准，用来替代之前的 DES 算法，已被多方分析且使用。高级加密标准由美国国家标准与技术研究所在 2001 年 11 月 26 日发布于 FIPS PUB 197，并在 2002 年 5 月 26 日成为有效标准，目前为对称密钥加密中最流行的算法之一。

5.1.1　AES 算法整体结构

AES 算法的整体结构为代替—置换网络（Substitution-Permutation Network，SPN）结构，算法的明文长度为 128 位，密钥长度为 128、192 或 256 位，分别被称为 AES-128、AES-192 和 AES-256。AES 算法的整体结构如图 5-1 所示。

AES 的处理单位是字节，128 位的明文分组 P 和密钥 K 被分成 16 字节（以 128 位的密钥为例），分别记为 $P = P_0P_1 \cdots P_{15}$ 和 $K = K_0K_1 \cdots K_{15}$。一般情况下，明文分组用以字节为单位的 4×4 矩阵描述，称为状态矩阵。在算法的每一轮中，状态矩阵的内容不断变化，最后结果作为密文输出。

5.1.2　AES 算法详细结构

AES 加密算法涉及 4 种操作：字节代替（SubByte）、行移位（ShiftRow）、列混淆（MixColumn）和轮密钥加（AddRoundKey）。在 AES-128 的加密算法中，共执行 10 次轮函数，前 9 次操作一样，包含以上 4 种操作，第 10 次没有列混淆。解密算法的每一步分别对应加密算法的逆操作，即解密时只需按照与加密时相反的顺序执行操作即可。除此之外，AES 算法还支持一种与加密顺序相同的解密方式，本书不再赘述，感兴趣的读者可以自行查阅相关资料了解。加、解密中每轮的密钥分别由种子密钥经过密钥扩展算法得到。算法中 16 字节的明文、密文和轮密钥都以一个 4×4 的字节矩阵表示。AES 算法加、解密的详细过程如图 5-2 所示。

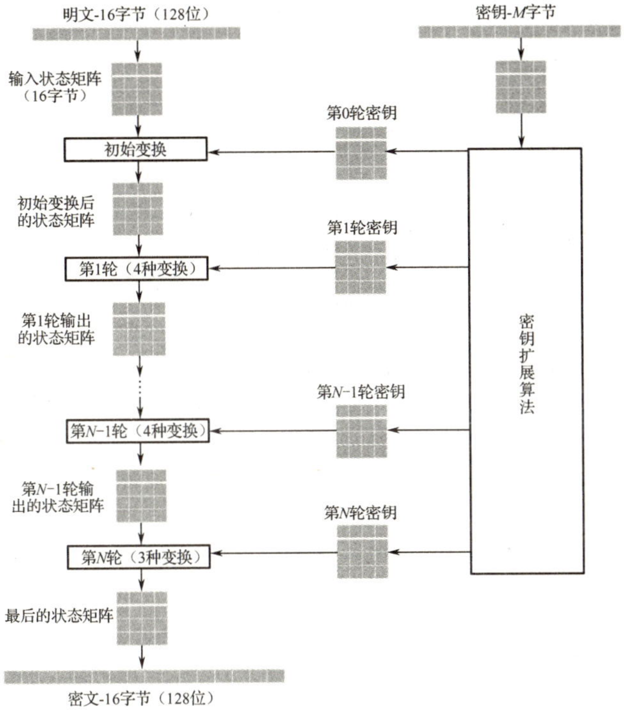

图 5-1 AES 算法的整体结构

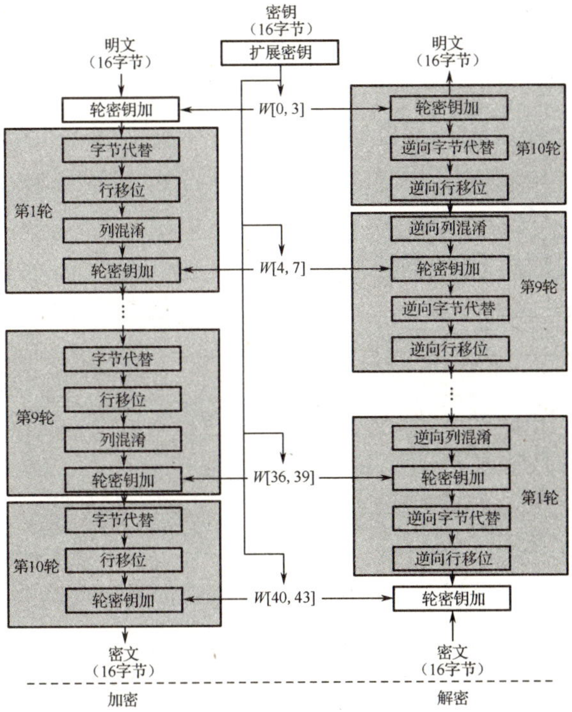

图 5-2 AES 算法加、解密的详细过程

1. 字节代替

字节代替的主要功能是通过 S 盒完成从一字节到另一字节的映射，图 5-3 为 S 盒结构图，图 5-4 为逆 S 盒结构图。S 盒用于提供密码算法的混淆性。

	0	1	2	3	4	5	6	7	8	9	A	B	C	D	E	F
0	63	7C	77	7B	F2	6B	6F	C5	30	01	67	2B	FE	D7	AB	76
1	CA	82	C9	7D	FA	59	47	F0	AD	D4	A2	AF	9C	A4	72	C0
2	B7	FD	93	26	36	3F	F7	CC	34	A5	E5	F1	71	D8	31	15
3	04	C7	23	C3	18	96	05	9A	07	12	80	E2	EB	27	B2	75
4	09	83	2C	1A	1B	6E	5A	A0	52	3B	D6	B3	29	E3	2F	84
5	53	D1	00	ED	20	FC	B1	5B	6A	CB	BE	39	4A	4C	58	CF
6	D0	EF	AA	FB	43	4D	33	85	45	F9	02	7F	50	3C	9F	A8
7	51	A3	40	8F	92	9D	38	F5	BC	B6	DA	21	10	FF	F3	D2
8	CD	0C	13	EC	5F	97	44	17	C4	A7	7E	3D	64	5D	19	73
9	60	81	4F	DC	22	2A	90	88	46	EE	B8	14	DE	5E	0B	DB
A	E0	32	3A	0A	49	06	24	5C	C2	D3	AC	62	91	95	E4	79
B	E7	C8	37	6D	8D	D5	4E	A9	6C	56	F4	EA	65	7A	AE	08
C	BA	78	25	2E	1C	A6	B4	C6	E8	DD	74	1F	4B	BD	8B	8A
D	70	3E	B5	66	48	03	F6	0E	61	35	57	B9	86	C1	1D	9E
E	E1	F8	98	11	69	D9	8E	94	9B	1E	87	E9	CE	55	28	DF
F	8C	A1	89	0D	BF	E6	42	68	41	99	2D	0F	B0	54	BB	16

图 5-3　S 盒结构图

	0	1	2	3	4	5	6	7	8	9	A	B	C	D	E	F
0	52	09	6A	D5	30	36	A5	38	BF	40	A3	9E	81	F3	D7	FB
1	7C	E3	39	82	9B	2F	FF	87	34	8E	43	44	C4	DE	E9	CB
2	54	7B	94	32	A6	C2	23	3D	EE	4C	95	0B	42	FA	C3	4E
3	08	2E	A1	66	28	D9	24	B2	76	5B	A2	49	6D	8B	D1	25
4	72	F8	F6	64	86	68	98	16	D4	A4	5C	CC	5D	65	B6	92
5	6C	70	48	50	FD	ED	B9	DA	5E	15	46	57	A7	8D	9D	84
6	90	D8	AB	00	8C	BC	D3	0A	F7	E4	58	05	B8	B3	45	06
7	D0	2C	1E	8F	CA	3F	0F	02	C1	AF	BD	03	01	13	8A	6B
8	3A	91	11	41	4F	67	DC	EA	97	F2	CF	CE	F0	B4	E6	73
9	96	AC	74	22	E7	AD	35	85	E2	F9	37	E8	1C	75	DF	6E
A	47	F1	1A	71	1D	29	C5	89	6F	B7	62	0E	AA	18	BE	1B
B	FC	56	3E	4B	C6	D2	79	20	9A	DB	C0	FE	78	CD	5A	F4
C	1F	DD	A8	33	88	07	C7	31	B1	12	10	59	27	80	EC	5F
D	60	51	7F	A9	19	B5	4A	0D	2D	E5	7A	9F	93	C9	9C	EF
E	A0	E0	3B	4D	AE	2A	F5	B0	C8	EB	BB	3C	83	53	99	61
F	17	2B	04	7E	BA	77	D6	26	E1	69	14	63	55	21	0C	7D

图 5-4　逆 S 盒结构图

S 盒和逆 S 盒分别为16×16的矩阵，完成一个从 8 位输入到 8 位输出的映射，输入的高 4 位对应的值作为行号，低 4 位对应的值作为列号。假设输入字节 $a = a_7a_6a_5a_4a_3a_2a_1a_0$，则输出的值为 $S[a_7a_6a_5a_4][a_3a_2a_1a_0]$，S 盒的逆变换同理。例如，字节 00000000B 变换后的值为 $S([0][0]) = 63\text{H}$，再通过逆 S 盒即可得到变换前的值，$S^{-1}([6][3]) = 00\text{H}$。

2. 行移位

行移位是一个简单的左循环移位操作。当密钥长度为 128 位时，状态矩阵的第 0 行左移 0 字节（不移位），第 1 行左移 1 字节，第 2 行左移 2 字节，第 3 行左移 3 字节，如图 5-5 所示。

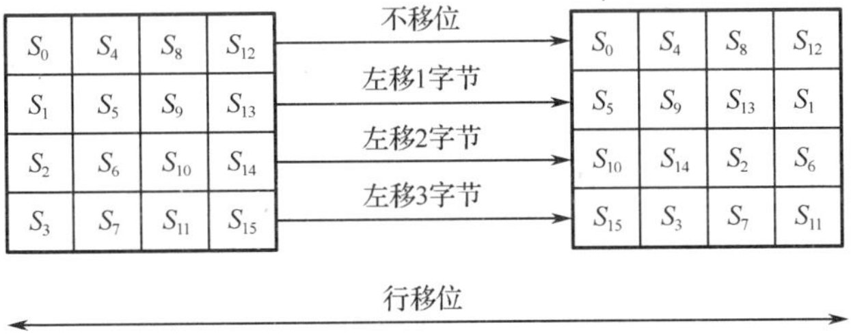

图 5-5　行移位示意图

3. 列混淆

列混淆通过矩阵相乘实现，将经行移位后的状态矩阵与固定矩阵相乘，得到列混淆后的状态矩阵，其公式为

$$\begin{bmatrix} S'_{0,0} & S'_{0,1} & S'_{0,2} & S'_{0,3} \\ S'_{1,0} & S'_{1,1} & S'_{1,2} & S'_{1,3} \\ S'_{2,0} & S'_{2,1} & S'_{2,2} & S'_{2,3} \\ S'_{3,0} & S'_{3,1} & S'_{3,2} & S'_{3,3} \end{bmatrix} = \begin{bmatrix} 02 & 03 & 01 & 01 \\ 01 & 02 & 03 & 01 \\ 01 & 01 & 02 & 03 \\ 03 & 01 & 01 & 02 \end{bmatrix} \begin{bmatrix} S'_{0,0} & S'_{0,1} & S'_{0,2} & S'_{0,3} \\ S'_{1,0} & S'_{1,1} & S'_{1,2} & S'_{1,3} \\ S'_{2,0} & S'_{2,1} & S'_{2,2} & S'_{2,3} \\ S'_{3,0} & S'_{3,1} & S'_{3,2} & S'_{3,3} \end{bmatrix}$$

状态矩阵中的第 j $(0 \leqslant j \leqslant 3)$ 列的列混淆可以表示为

$$S'_{0,j} = (2 * S_{0,j}) \oplus (3 * S_{1,j}) \oplus S_{2,j} \oplus S_{3,j}$$

$$S'_{1,j} = S_{0,j} \oplus (2 * S_{1,j}) \oplus (3 * S_{2,j}) \oplus S_{3,j}$$

$$S'_{2,j} = S_{0,j} \oplus S_{1,j} \oplus (2 * S_{2,j}) \oplus (3 * S_{3,j})$$

$$S'_{3,j} = (3 * S_{0,j}) \oplus S_{1,j} \oplus S_{2,j} \oplus (2 * S_{3,j})$$

其中，矩阵元素的乘法和加法都是定义在有限域 $GF(2^8)$ 上的二元运算，域的不可约多项式可以表示为 0x11b。

4. 轮密钥加

轮密钥加将 128 位轮密钥 Ki 与状态矩阵中的数据进行逐位异或操作，如图 5-6 所示。其中，密钥 K_i 共包含 4 个字（$W[4i]$，$W[4i+1]$，$W[4i+2]$，$W[4i+3]$），每个字为 32 位（4 字节）。轮密钥加过程可看成按字逐位异或的过程，也可看成字节级别或比特级别的操作过程，即由 S_0 S_1 S_2 S_3 组成的 32 位与 $W[4i]$ 的异或运算。轮密钥加的运算方法很简单，但能影响到状态矩阵中的每一位。

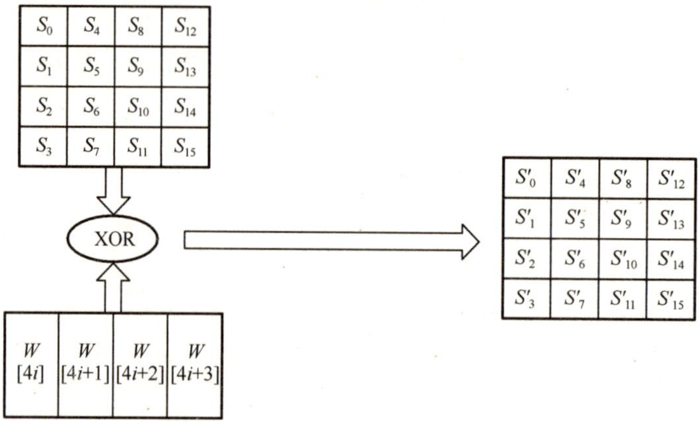

图 5-6　轮密钥加示意图

5. AES 算法的密钥扩展

密钥扩展算法的具体过程如图 5-7 所示。AES 算法首先将初始密钥输入一个 4×4 的状态矩阵。这个状态矩阵每一列的 4 字节组成一个字，将状态矩阵 4 列的 4 个字依次命名为 $W[0]$、$W[1]$、$W[2]$和 $W[3]$，它们构成一个以字为单位的数组 W。接着，对数组 W 扩充 40 个新列，构成 44 列的扩展密钥数组。

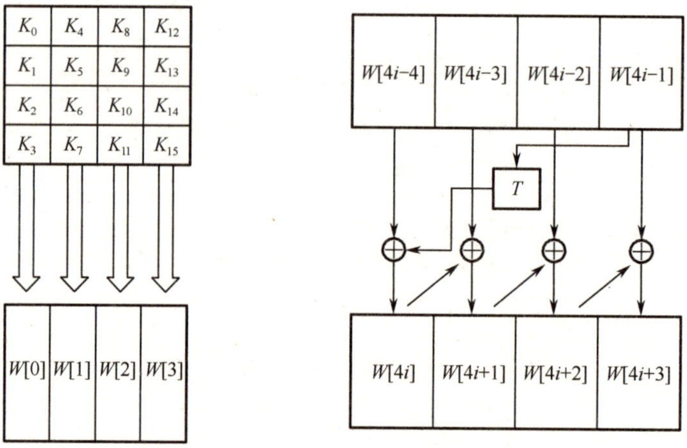

图 5-7　密钥扩展算法的具体过程

新列以如下递归方式产生。

（1）如果 i 不是 4 的倍数，那么第 i 列由如下公式确定：

$$W[i]=W[i-4]\oplus W[i-1]$$

（2）如果 i 是 4 的倍数，那么第 i 列由如下公式确定：

$$W[i]=W[i-4]\oplus T(W[i-1])$$

其中，T 是一个函数，由 3 部分组成：字循环、字代换和轮常量异或，这 3 部分的作用分别如下。

（1）字循环：将 1 个字中的 4 字节循环左移 1 字节，即将输入字 $[b_0,b_1,b_2,b_3]$ 变换成 $[b_1,b_2,b_3,b_0]$。

（2）字代换：对字循环的结果使用 S 盒进行字代换。

（3）轮常量异或：将前两步的结果同轮常量 Rcon[j] 进行异或，其中 j 表示轮数。轮常量 Rcon[j] 是一个字，其值见表 5-1。

表 5-1　轮常量表

j	Rcon[j]	j	Rcon[j]
1	01 00 00 00	6	20 00 00 00
2	02 00 00 00	7	40 00 00 00
3	04 00 00 00	8	80 00 00 00
4	08 00 00 00	9	1b 00 00 00
5	10 00 00 00	10	36 00 00 00

5.1.3　AES-192 与 AES-256

AES 算法不仅支持 128 位的密钥，还支持 192 和 256 位的密钥，但 AES-192 的加密轮数为 12 轮，AES-256 的加密轮数为 14 轮。

在 AES-192 算法中，共有 13 个子密钥，每个子密钥的长度均为 128 位。AES-192 的所有子密钥需要 52 个字，这些字存放在数组元素 W[0]，…，W[51] 中。数组元素的计算方式与 128 位密钥的情况类似，共有 8 轮密钥编排迭代，每轮迭代计算出子密钥数组 W 中的 6 个新字。12 轮的子密钥依次由(W[0]，W[1]，W[2]，W[3])～(W[48]，W[49]，W[50]，W[51])组成。

在 AES-256 算法中，需要 15 个子密钥，这些子密钥所需要的字存储在 W[0]，…，W[59] 中。密钥编排迭代为 7 轮，每轮迭代计算出子密钥数组 W 中的 8 个新字。14 轮的子密钥依次由(W[0]，W[1]，W[2]，W[3])～(W[56]，W[57]，W[58]，W[59])组成。

5.2　算法实现

以下实现基于 128 位的密钥，算法实现使用 Java 语言。AES 算法在实现时可被定义为一个单独的类 AES，AES 类中包含的各种数据如表 5-2 所示。

表 5-2　AES 类中包含的各种数据

变 量 名	类　型	中 文 解 释
plaintext	byte[][]	输入的明文
ciphertext	byte[][]	输出的密文
roundKey	byte[][]	轮密钥
key	byte[]	初始密钥
state	byte[][]	经过轮密钥加处理的消息
afterByteSub	byte[][]	经过字节代替的消息
afterShiftRow	byte[][]	经过行移位的消息
afterMixColumn	byte[][]	经过列混淆的消息

此外，定义全局常量 int N = 10，表示加、解密及密钥扩展轮数。

除了数据定义，AES 类中还包含各种运算函数，如表 5-3 所示。

表 5-3　AES 类中包含的各种运算函数

函 数 名	类　型	对 应 函 数
encrypt	byte[][]	加密函数
decrypt	byte[][]	解密函数
generateKey	byte[][]	轮密钥生成函数
addKey	byte[][]	轮密钥加函数
byteSub	byte[][]	字节代替函数
inverseByteSub	byte[][]	逆向字节代替函数
shiftRow	byte[][]	行移位函数
inverseShiftRow	byte[][]	逆向行移位函数
mixColum	byte[][]	列混淆函数
inverseMixColum	byte[][]	逆向列混淆函数

函数之间的调用关系如图 5-8 所示。

根据上述的结构分析，得到 AES 类的声明代码：

```
public class AES {
    public byte[ ][ ] generateKey();
    public byte[ ][ ] encrypt();
    public byte[ ][ ] decrypt();
}
```

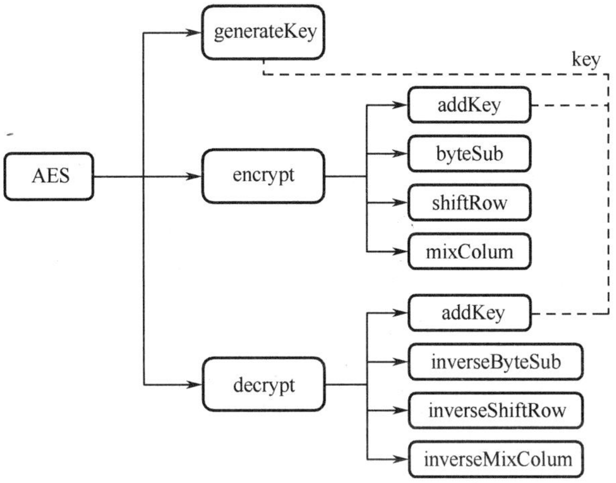

图 5-8　函数之间的调用关系

5.2.1　密钥生成函数

generateKey 函数用于将种子密钥生成轮密钥，算法的输入为 16 字节的密钥和加密轮数，输出为轮密钥。函数伪代码如下：

```
public byte[][] generateKeys(byte[] key){
    byte[][] tmp;
    byte[][] roundKey;
    //将原始密钥赋给 temp 的前 4 个元素
    for (i = 0 to 4) {
        roundKey[0][i] = (key[4*i], key[4*i+1], key[4*i+2], key[4*i+3]);
    }
    //扩展
    for (i = 1 to N+1) {
        for (j = 1 to 4) {
            tmp = roundKey[i][j];
            if(i mod 4 == 0) {
                tmp = subWord(rotWord(tmp)) xor RC[i];
            }
            roundKey[i][j] = roundKey[i-1][j] xor tmp;
        }
    }
    返回 roundKey;
}
```

其中，subWord() 为字代替函数，可参考加密部分字代替的实现方法。rotWord() 为一个循环左移函数，可参考加密部分行移位的实现方法。

5.2.2 加密函数

获得子密钥后，可使用加密函数和解密函数进行加密或解密运算。调用加密函数时，需要同时传入需要加密的明文，经过一系列运算输出密文，算法的输入为 16 字节明文 plaintext、轮密钥 roundKey 及加密轮数 *N*，输出为 16 字节密文 ciphertext。加密函数伪代码如下：

```
public byte[][] encrypt(byte[][] plaintext, byte[][] roundKey, int N){
    state = addKey(plaintext, roundKey[0]);
    //进行 N-1 轮运算
    for (i = 1 to N-1) {
        afterByteSub = byteSub(state);
        afterShiftRow = shiftRow(afterByteSub);
        afterMixColumn = mixColumn(afterShiftRow);
        state = addKey(afterMixColumn, roundKey[i]);
    }
    //最后一轮
    afterByteSub = subByte(state);
    afterShiftRow = shiftRow(afterByteSub);
    ciphertext = addKey(afterShiftRow, roundKey[N]);
    返回 ciphertext;
}
```

5.2.3 解密函数

AES 算法的解密函数是加密函数的逆过程，轮密钥的使用顺序与加密过程完全相反，运算过程也是加密过程的逆运算。算法的输入为 16 字节密文 ciphertext 、轮密钥 roundKey 及解密轮数 *N*，输出为 16 字节明文 plaintext 。解密函数伪代码如下：

```
public byte[][] decrypt(byte[][] ciphertext, byte[][] roundKey, int N){
    state = addKey(plaintext, roundKey[N]);
    //进行 N-1 轮运算
    for (i = N-1 to 1) {
        afterShiftRow = invShiftRow(state);
        afterByteSub = invSubByte(afterShiftRow);
        state = addKey(afterByteSub, roundKey[i]);
        afterMixColumn = invMixColum(state);
    }
    //最后一轮
```

```
        afterShiftRow = invShiftRow(afterMixColumn);
        afterByteSub = invByteSub(afterShiftRow);
        plainText = addKey(afterByteSub, roundKey[0]);
        返回 plaintext;
}
```

5.2.4　基本变换函数

在加密算法中，共涉及 4 个基本变换函数：轮密钥加、字节代替、行移位和列混淆。而在解密算法中，涉及的 4 个基本运算分别是轮密钥加、逆向字节代替、逆向行移位和逆向列混淆。解密算法中的轮密钥加运算过程和加密算法中相似，主要区别在于密钥的使用顺序不同。

1．轮密钥加

轮密钥加算法的输入为 16 字节经过列混淆的消息 afterMixColumn 和轮密钥 roundKey，输出为 16 字节经过轮密钥加处理的消息 state。函数伪代码如下：

```
private byte[][] addKey(byte[][] afterMixColumn, byte[][] roundKey) {
        state = state ^ roundKey;
        返回 state;
}
```

2．字节代替

字节代替算法的输入为 16 字节经过轮密钥加处理的消息 state，输出为 16 字节经过 S 盒的消息 afterByteSub。函数伪代码如下：

```
private byte[][] byteSub(byte[][] state) {
        afterByteSub = s_box[row][column];
        返回 afterByteSub;
}
```

3．行移位

行移位算法的输入为 16 字节经过 S 盒的消息 afterByteSub，输出为 16 字节经过行移位的消息 afterShiftRow。函数伪代码如下：

```
private byte[][] shiftRow(byte[][] afterByteSub) {
        //定义移位量
        con = {0,1,2,3};
        for (i = 0 to 3) {
                将状态矩阵的第 i 行循环移位 con[i]字节;
        }
        返回 afterShiftRow;
}
```

4．列混淆

列混淆算法的输入为 16 字节经过行移位的消息 afterShiftRow，输出为 16 字节经过列混淆的消息 afterMixColumn。函数伪代码如下：

```
private byte[][] mixColum(byte[][] afterShiftRow) {
    //mix_colum 为列混淆矩阵
    mix_colum 与 afterShiftRow 进行有限域上的矩阵乘法得到 afterMixColumn;
    返回  afterMixColumn;
}
```

5．逆向字节代替

逆向字节代替算法的输入为 16 字节经过轮密钥加处理的消息 state，输出为 16 字节经过逆 S 盒的消息 afterInverseByteSub。函数伪代码如下：

```
private byte[][] inverseByteSub(byte[][] state) {
    afterInverseByteSub = inverseS_box[row][column];
    返回  afterInverseByteSub;
}
```

6．逆向行移位

逆向行移位算法的输入为 16 字节经过逆 S 盒的消息 afterInverseByteSub，输出为 16 字节经过逆向行移位的消息 afterInverseShiftRow。函数伪代码如下：

```
private byte[][] inverseShiftRow(byte[][] afterInverseByteSub ) {
    //定义移位量
    con = {3,2,1,0};
    for (i = 0 to 3) {
        将状态矩阵的第 i 行循环移位 con[i]字节;
    }
  返回  afterInverseShiftRow;
}
```

7．逆向列混淆

逆向列混淆算法的输入为 16 字节经过逆向行移位的消息 afterInverseShiftRow，输出为 16 字节经过逆向列混淆的消息 afterInverseMixColumn。函数伪代码如下：

```
private byte[][] inverseMixColum(byte[][] afterInverseShiftRow) {
    //inverseMix_colum 为列混淆矩阵
    inverseMix_colum 与 afterShiftRow 进行有限域上的矩阵乘法，得到 afterInverseMixColumn;
    返回  afterInverseMixColumn;
}
```

5.3 算法测试

下面给出测试数据，并以 AES-128 为例给出算法的中间数据，数据使用十六进制数表示。

5.3.1 输入和输出

根据密钥使用情况的不同，下面给出 5 组测试数据，包含输入的明文、密钥和输出的密文，测试数据如表 5-4 所示。

表 5-4 测试数据

类型	密钥	明文	密文
AES-128	0x0f1571c947d9e8590cb7add6af7f6798	0x0123456789abcdeffedcba9876543210	0xff0b844a0853bf7c6934ab4364148fb9
	0x3475bd76fa040b73f521ffcd9de93f24	0x1b5e8b0f1bc78d238064826704830cdb	0xf3855216ddf401d4d42c8002e686c6e7
	0x2b24424b9fed596659842a4d0b007c61	0x41b267bc5905f0a3cd691b3ddaee149d	0xfba4ec67020f1573ed28b47d7286d298
AES-192	0x1234567890123456789012345678901234567890abcdef01	0x1234567890123456789012345678 90ab	0x7ac22fc4ff307d71f551e7371ced99a9
AES-256	0x12345678901234567890123456789012345678901234567890123456789 0abcd	0x1234567890123456789012345678 90ab	0x5dcad2525edf4d374d3b5a2e8b3cee5e

5.3.2 中间数据

针对表 5-4 给出的第 1 组测试数据，本节给出详细的中间数据，供读者参考。所有数据均使用十六进制数表示，为方便阅读，表格中的数据省略前缀“0x”。

算法使用为 AES-128，输入的明文、密钥和输出的密文如下。

密钥：0x0f1571c947d9e8590cb7add6af7f6798

明文：0x0123456789abcdeffedcba9876543210

密文：0xff0b844a0853bf7c6934ab4364148fb9

首先给出经过密钥生成函数生成的轮密钥，如表 5-5 所示。

表 5-5　轮密钥

轮　　数	密　　钥	轮　　数	密　　钥
初始轮	0f 47 0c af 15 d9 b7 7f 71 e8 ad 67 c9 59 d6 98	第 6 轮	71 8c 83 cf c7 29 e5 a5 4c 74 ef a9 c2 bf 52 ef
第 1 轮	dc 9b 97 38 90 49 fe 81 37 df 72 15 b0 e9 3f a7	第 7 轮	37 bb 38 f7 14 3d d8 7d 93 e7 08 a1 48 f7 a5 4a
第 2 轮	d2 49 de e6 c9 80 7e ff 6b b4 c6 d3 b7 5e 61 c6	第 8 轮	48 f3 cb 3c 26 1b c3 be 45 a2 aa 0b 20 d7 72 38
第 3 轮	c0 89 57 b1 af 2f 51 ae df 6b ad 7e 39 67 06 c0	第 9 轮	fd 0e c5 f9 0d 16 d5 6b 42 e0 4a 41 cb 1c 6e 56
第 4 轮	2c a5 f2 43 5c 73 22 8c 65 0e a3 dd f1 96 90 50	第 10 轮	b4 ba 7f 86 8e 98 4d 26 f3 13 59 18 52 4e 20 76
第 5 轮	58 fd 0f 4c 9d ee cc 40 36 38 9b 46 eb 7d ed bd		

加密过程中间数据如表 5-6 所示。

表 5-6　加密过程中间数据

轮　　次	字 节 代 替	行　移　位	列　混　淆	轮 密 钥 加
初始轮				0e ce f2 d9 36 72 6b 2b 34 25 17 55 ae b6 4e 88
第 1 轮	ab 8b 89 35 05 40 7f f1 18 3f f0 fc e4 4e 2f c4	ab 8b 89 35 40 7f f1 05 f0 fc 18 3f c4 e4 4e 2f	b9 94 57 75 e4 8e 16 51 47 20 9a 3f c5 d6 f5 3b	65 0f c0 4d 74 c7 e8 d0 70 ff e8 2a 75 3f ca 9c
第 2 轮	4d 76 ba e3 92 c6 9b 70 51 16 9b e5 9d 75 74 de	4d 76 ba e3 c6 9b 70 92 9b e5 51 16 de 9d 75 74	8e 22 db 12 b2 f2 dc 92 df 80 f7 c1 2d c5 1e 52	5c 6b 05 f4 7b 72 a2 6d b4 34 31 12 9a 9b 7f 94
第 3 轮	4a 7f 6b bf 21 40 3a 3c 8d 18 c7 c9 b8 14 d2 22	4a 7f 6b bf 40 3a 3c 21 c7 c9 8d 18 22 b8 14 d2	b1 c1 0b cc ba f3 8b 07 f9 1f 6a c3 1d 19 24 5c	71 48 5c 7d 15 dc da a9 26 74 c7 bd 24 7e 22 9c

续表

轮 次	字节代替	行移位	列混淆	轮密钥加
第 4 轮	a3 52 4a ff 59 86 57 d3 f7 92 c6 7a 36 f3 93 de	a3 52 4a ff 86 57 d3 59 c6 7a f7 92 de 36 f3 93	d4 11 fe 0f 3b 44 06 73 cb ab 62 37 19 b7 07 ec	f8 b4 0c 4c 67 37 24 ff ae a5 c1 ea e8 21 97 bc
第 5 轮	41 8d fe 29 85 9a 36 16 e4 06 78 87 9b fd 88 65	41 8d fe 29 9a 36 16 85 78 87 e4 06 65 9b fd 88	2a 47 c4 48 83 e8 18 ba 84 18 27 23 eb 10 0a f3	72 ba cb 04 1e 06 d4 fa b2 20 bc 65 00 6d e7 4e
第 6 轮	40 f4 1f f2 72 6f 48 2d 37 b7 65 4d 63 3c 94 2f	40 f4 1f f2 6f 48 2d 72 65 4d 37 b7 2f 63 3c 94	7b 05 42 4a 1e d0 20 40 94 83 18 52 94 c4 43 fb	0a 89 c1 85 d9 f9 c5 e5 d8 f7 f7 fb 56 7b 11 14
第 7 轮	67 a7 78 97 35 99 a6 d9 61 68 68 0f b1 21 82 fa	67 a7 78 97 99 a6 d9 35 68 0f 61 68 fa b1 21 82	ec 1a c0 80 0c 50 53 c7 3b d7 00 ef b7 22 72 e0	db a1 f8 77 18 6d 8b ba a8 30 08 4e ff d5 d7 aa
第 8 轮	b9 32 41 f5 ad 3c 3d f4 c2 04 30 2f 16 03 0e ac	b9 32 41 f5 3c 3d f4 ad 30 2f c2 04 ac 16 03 0e	b1 1a 44 17 3d 2f ec b6 0a 6b 2f 42 9f 68 f3 b1	f9 e9 8f 2b 1b 34 2f 08 4f c9 85 49 bf bf 81 89
第 9 轮	99 1e 73 f1 af 18 15 30 84 dd 97 3b 08 08 0c a7	99 1e 73 f1 18 15 30 af 97 3b 84 dd a7 08 08 0c	31 30 3a c2 ac 71 8c c4 46 65 48 eb 6a 1c 31 62	cc 3e ff 3b a1 67 59 af 04 85 02 aa a1 00 5f 34
第 10 轮	4b b2 16 e2 32 85 cb 79 f2 97 77 ac 32 63 cf 18	4b b2 16 e2 85 cb 79 32 77 ac f2 97 18 32 63 cf		ff 08 69 64 0b 53 34 14 84 bf ab 8f 4a 7c 43 b9

解密过程中间数据如表 5-7 所示。

表 5-7 解密过程中间数据

轮 次	逆向行移位	逆向字节代替	轮密钥加	逆向列混淆
初始轮			4b b2 16 e2 85 cb 79 32 77 ac f2 97 18 32 63 cf	
第 1 轮	4b b2 16 e2 32 85 cb 79 f2 97 77 ac 32 63 cf 18	cc 3e ff 3b a1 67 59 af 04 85 02 aa a1 00 5f 34	31 30 3a c2 ac 71 8c c4 46 65 48 eb 6a 1c 31 62	99 1e 73 f1 18 15 30 af 97 3b 84 dd a7 08 08 0c
第 2 轮	99 1e 73 f1 af 18 15 30 84 dd 97 3b 08 08 0c a7	f9 e9 8f 2b 1b 34 2f 08 4f c9 85 49 bf bf 81 89	b1 1a 44 17 3d 2f ec b6 0a 6b 2f 42 9f 68 f3 b1	b9 32 41 f5 3c 3d f4 ad 30 2f c2 04 ac 16 03 0e

续表

轮　次	逆向行移位	逆向字节代替	轮密钥加	逆向列混淆
第 3 轮	b9 32 41 f5 ad 3c 3d f4 c2 04 30 2f 16 03 0e ac	db a1 f8 77 18 6d 8b ba a8 30 08 4e ff d5 d7 aa	ec 1a c0 80 0c 50 53 c7 3b d7 00 ef b7 22 72 e0	67 a7 78 97 99 a6 d9 35 68 0f 61 68 fa b1 21 82
第 4 轮	67 a7 78 97 35 99 a6 d9 61 68 68 0f b1 21 82 fa	0a 89 c1 85 d9 f9 c5 e5 d8 f7 f7 fb 56 7b 11 14	7b 05 42 4a 1e d0 20 40 94 83 18 52 94 c4 43 fb	40 f4 1f f2 6f 48 2d 72 65 4d 37 b7 2f 63 3c 94
第 5 轮	40 f4 1f f2 72 6f 48 2d 37 b7 65 4d 63 3c 94 2f	72 ba cb 04 1e 06 d4 fa b2 20 bc 65 00 6d e7 4e	2a 47 c4 48 83 e8 18 ba 84 18 27 23 eb 10 0a f3	41 8d fe 29 9a 36 16 85 78 87 e4 06 65 9b fd 88
第 6 轮	41 8d fe 29 85 9a 36 16 e4 06 78 87 9b fd 88 65	f8 b4 0c 4c 67 37 24 ff ae a5 c1 ea e8 21 97 bc	d4 11 fe 0f 3b 44 06 73 cb ab 62 37 19 b7 07 ec	a3 52 4a ff 86 57 d3 59 c6 7a f7 92 de 36 f3 93
第 7 轮	a3 52 4a ff 59 86 57 d3 f7 92 c6 7a 36 f3 93 de	71 48 5c 7d 15 dc da a9 26 74 c7 bd 24 7e 22 9c	b1 c1 0b cc ba f3 8b 07 f9 1f 6a c3 1d 19 24 5c	4a 7f 6b bf 40 3a 3c 21 c7 c9 8d 18 22 b8 14 d2
第 8 轮	4a 7f 6b bf 21 40 3a 3c 8d 18 c7 c9 b8 14 d2 22	5c 6b 05 f4 7b 72 a2 6d b4 34 31 12 9a 9b 7f 94	8e 22 db 12 b2 f2 dc 92 df 80 f7 c1 2d c5 1e 52	4d 76 ba e3 c6 9b 70 92 9b e5 51 16 de 9d 75 74
第 9 轮	4d 76 ba e3 92 c6 9b 70 51 16 9b e5 9d 75 74 de	65 0f c0 4d 74 c7 e8 d0 70 ff e8 2a 75 3f ca 9c	b9 94 57 75 e4 8e 16 51 47 20 9a 3f c5 d6 f5 3b	ab 8b 89 35 40 7f f1 05 f0 fc 18 3f c4 e4 4e 2f
第 10 轮	ab 8b 89 35 05 40 7f f1 18 3f f0 fc e4 4e 2f c4	0e ce f2 d9 36 72 6b 2b 34 25 17 55 ae b6 4e 88	01 89 fe 76 23 ab dc 54 45 cd ba 32 67 ef 98 10	

5.4 思考题

（1）试简要阐述 AES 算法中轮密钥加、字节代替、行移位和列混淆的作用。

（2）AES 算法和 DES 算法在算法结构上有哪些明显区别？试简要说明。

第 6 章　伪随机数算法

伪随机数在计算机科学领域应用广泛，密码算法的设计、样本的随机采样、仿真领域等都会用到伪随机数。密码学应用中的伪随机数又可进一步分为弱伪随机数和强伪随机数。弱伪随机数通过软件算法，按照一定规律生成一个随机值；强伪随机数具有更强的随机数特性，能够满足随机性和不可推测性，所以生成的随机数更接近真正的随机数。伪随机数在密码学中用途广泛，可用于随机数生成、初始化向量生成、密钥生成等。

6.1　算法原理

常见的随机数发生器包括真随机数发生器、伪随机数发生器和伪随机函数。真随机数发生器（The Random Number Generator，TRNG）输入一个随机源（称为熵源），产生随机二元数输出。伪随机数发生器（Pseudo Random Number Generator，PRNG）输入一个固定值作为种子，用一个确定性算法产生伪随机位流。伪随机函数（Pseudo Random Function，PRF）输入种子和上下文相关数值（如 ID），输出固定长度的伪随机位串，如图 6-1 所示。

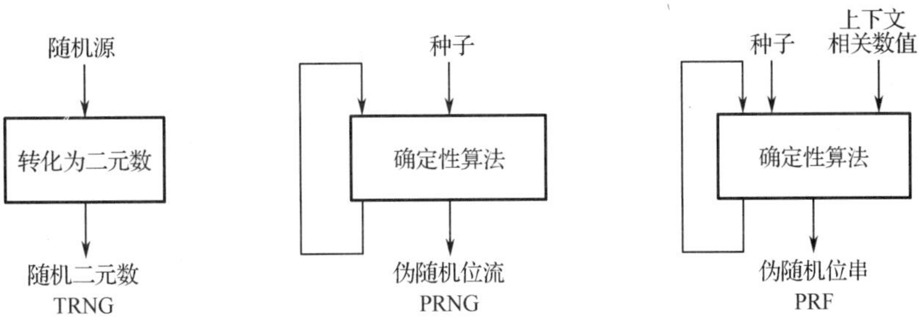

图 6-1　TRNG、PRNG 和 PRF

当 PRNG 或 PRF 用于密码学应用时，基本要求是不知道种子的攻击者不能决定伪随机数，输出保密性要求为随机性、不可预测性和种子特定性。本章介绍两种常见的伪随机数算法：BBS 伪随机数算法和梅森旋转算法。

6.1.1　BBS 伪随机数算法

BBS（Blum Blum Shub）伪随机数算法是最简单有效的伪随机数算法，算法具体步骤如下：

（1）首先选择两个大素数 p 和 q，满足 $p \equiv q \equiv 3 \bmod 4$；

（2）选择另外一个与 n 互素的随机整数 s；

（3）计算种子 $x_0 = s^2 \bmod n$；

（4）计算位序列，第 i 个伪随机位是 x_i 的最低位，这里 $x_i = x_{i-1}^2 \bmod n$。

BBS 伪随机数发生器也被称为密码安全伪随机位发生器（CSPRBG），能经受住续位测试。

6.1.2 梅森旋转算法

梅森旋转算法（Mersenne Twister）是一个伪随机数发生算法，由松本真和西村拓士在 1997 年提出，其中一种梅森素数算法的循环周期为 $2^{19937}-1$，也被称为 MT19937 算法。该算法利用线性旋转反馈移位寄存器产生伪随机数。对于 k 位二进制数，MT19937 在 $[0,2^k-1]$ 内生成离散型均匀分布的伪随机数，伪随机数质量高且算法运行速度快。常见的两种具体算法为 32 位的 MT19937-32 和 64 位的 MT19937-64。下面以 MT19937-32 为例，介绍算法的具体流程。算法固定参数如表 6-1 所示。

表 6-1　算法固定参数

参　数	值
(w, n, m, r)	(32, 624, 397, 31)
a	0x9908b0df
f	0x6c078965
(u, d)	(11, 0xffffffff)
(s, b)	(7, 0x9d2c5680)
(t, c)	(15, 0xefc60000)
l	18

算法主要包括 3 步，如图 6-2 所示。

（1）初始化，获得基础的梅森旋转链。首先将传入的 seed 赋给 MT[0] 作为初值，根据递推公式求出梅森旋转链：

$$\mathrm{MT}[i] = f * (\mathrm{MT}[i-1] \oplus (\mathrm{MT}[i-1] >> (w-2))) + i$$

（2）对梅森旋转链实现旋转算法。遍历梅森旋转链，对每个 MT[i]，根据递推公式进行旋转链处理，其中“||”表示连接 MT[i] 的高位和 MT[$(i+1) \bmod n$] 的低位：

$$x = (\mathrm{MT}[i]\ \&\ \mathrm{upper\_mask}) \,||\, (\mathrm{MT}[(i+1) \bmod n]\ \&\ \mathrm{lower\_mask})$$

$$xA = \begin{cases} x >> 1x & x\text{最低位为}0 \\ (x >> 1) \oplus a & x\text{最低位为}1 \end{cases}$$

$$MT[i] = MT[(i+m) \bmod n] \oplus xA$$

（3）对旋转算法所得的结果进行处理。设 x 是当前序列的下一个值，y 是一个临时中间变量，z 是算法的返回值，则处理过程如下：

$$y = x \oplus ((x >> u) \& d)$$

$$y = y \oplus ((y << s) \& b)$$

$$y = y \oplus ((y << t) \& c)$$

$$z = y \oplus (y >> l)$$

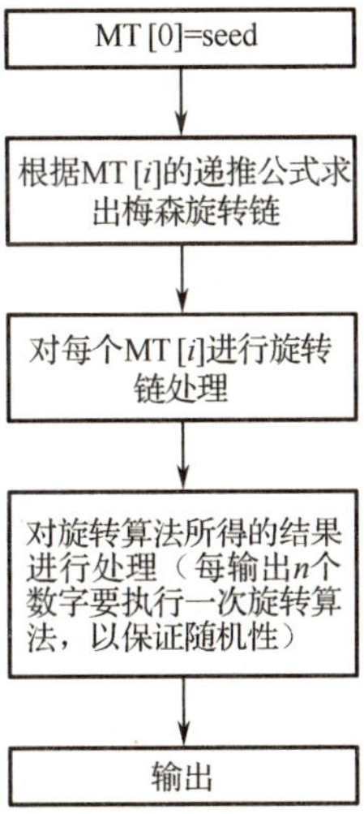

图 6-2　梅森旋转算法

6.2　算法实现

6.2.1　BBS 伪随机数算法实现

算法实现使用 Java 语言。利用 BBS 伪随机数算法生成伪随机数，BBS 伪随机数算法在实现时可以被定义为一个单独的类 BBS，BBS 类中包含的各种数据如表 6-2 所示。

表 6-2　BBS 类中包含的各种数据

变 量 名	类 型	中 文 解 释
p	BigInteger	大素数 p
q	BigInteger	大素数 q

除了数据定义，BBS 类中还包含各种运算函数，如表 6-3 所示。

表 6-3 BBS 类中包含的各种运算函数

函 数 名	类 型	中 文 解 释
getBigPrime	BigInteger	生成大素数
getBBS	void	生成伪随机数

通过上述的结构分析，得到 BBS 类的声明代码：

```
public class BBS {
    public BigInteger getBBS();
    public BigInteger getBigPrime();
}
```

1. 大素数生成函数 getBigPrime

函数伪代码如下：

```
public BigInteger getBigPrime() {
    Random rnd = new Random();
    BigInteger p;
    int n = rnd.nextInt(4) + 8;
    BigInteger four = BigInteger.valueOf(4);
    BigInteger three = BigInteger.valueOf(3);
    while(true) {
        p = new BigInteger(n, rnd);
        p = p.multiply(four).add(three);
        对伪素数进行素性检测，如果不是素数，那么重新生成伪素数;
        if(Miller_Rabin.miller_rabin(p, 5) == true) {
            break;
        }
    }
    返回 p;
}
```

2. 伪随机数生成函数 getBBS

函数伪代码如下：

```
public BigInteger getBBS(int num) {
    BigInteger zero = BigInteger.ZERO;
    int[] rbs = new int[num]; //random bit stream
    BigInteger p = getBigPrime(); //大素数 p
    BigInteger q = getBigPrime(); //大素数 q
    Random r = new Random();
    首先找两个大素数 p 和 q，它们满足 p ≡ q ≡ 3 mod 4 ;
    while(p.equals(q))
```

```
        q = getBigPrime();
    BigInteger n = p.multiply(q);
    BigInteger s = new BigInteger(r.nextInt(4)+8, r);
    while(s.mod(p).equals(zero) || s.mod(q).equals(zero))
        s = new BigInteger(r.nextInt(4)+8, r);
    BigInteger x = s.pow(2).mod(n);
    for(int i = 0; i < num; i ++ ) {
        x = x.pow(2).mod(n);
        rbs[i] = (x.mod(BigInteger.TWO)).intValue();
    }
    将 rbs 转换为 BigInteger 类型;
    返回 rbs;
}
```

6.2.2 梅森旋转算法实现

梅森旋转算法在实现时可以分为 3 个步骤，首先将 Mersenne 定义为一个类，类中定义了 3 个函数，分别对应算法的 3 个步骤，如表 6-4 所示。

表 6-4　Mersenne 类中包含的各种运算函数

函　数　名	类　　型	中 文 解 释
seedInit	void	初始化函数
twist	void	旋转函数
extract	int	结果处理函数

根据上述的结构分析，得到 Mersenne 类的声明代码：

```
public class Mersenne {
    public void seedInit ();
    public void twist();
    public int extract();
}
```

1. 初始化函数 seedInit

初始化函数 seedInit 的输入为一个 seed 初始化随机数发生器，w 为预先定义的长度变量。函数伪代码如下：

```
public void seedInit(int seed){
    index = n;
    MT[0] = seed;
    for(int i = 1; i < n; i++){
```

```
            MT[i]等于(f*(MT[i-1] ^ (MT[i-1] >> (w-2) + i)的最低 w 位比特;
        }
    }
```

2. 旋转函数 twist

旋转函数用于处理旋转链，其中 lower_mask = (1<<r)-1，upper_mask =! lower_mask。函数伪代码如下：

```
public void twist(){
    for(i = 0; i < n; i++){
        int x = (MT[i]&upper_mask) + (MT[(i+1) mod n]&lower_mask);
        int xA = x >> 1;
        if (x mod 2 != 0)
            xA = xA ^ a;
        MT[i] = MT[(i+m) mod n] ^ xA;
    }
    index = 0;
}
```

3. 结果处理函数 extract

结果处理函数 extract 用于对旋转函数的输出结果进行处理。该函数从 MT[index]中提取出一个经过处理的值，每输出 *n* 个数字要执行一次旋转算法，以保证随机性。函数伪代码如下：

```
public int extract(){
    if (index >= n){
        if (index > n) {
        //发生器尚未初始化
        }
        twist();
    }
    int x = MT[index];
    y = x ^ ((x >> u) & d);
    y = y ^ ((y << s) & b);
    y = y ^ ((y << t) & c);
    z = y ^ (y >> l);
    index = index + 1;
    返回 z 的最低 w 位比特;
}
```

6.3　算法测试

6.3.1　BBS 伪随机数算法测试

根据需要产生伪随机比特流的位数 num，随机选取大素数 p、q 及随机数 s，输出伪随机比特流 rbs[]。下面给出 3 组输入和输出数据，比特流为二进制串，其余数据使用十进制数表示，如表 6-5 所示。

表 6-5　BBS 伪随机数算法测试数据

序号	p	q	s	num	rbs[ ]
1	383	503	101355	20	11001110000100111010
2	300007	400031	43363	50	0111011111101010 1110011110011000 100100010011111111
3	30000000091	40000000003	4295260440	100	10110100101111011111 10111101001000101111 11001010011101000111 01110100000101011011 10000000100011100101

针对表 6-5 给出的第 1 组测试数据，表 6-6 给出了详细的中间数据。

表 6-6　中间数据

序　号	X	rbs	序　号	X	rbs
0	20749		11	137922	0
1	143135	1	12	123175	1
2	177671	1	13	8630	0
3	97048	0	14	114386	0
4	89992	0	15	14863	1
5	174051	1	16	133015	1
6	80649	1	17	106065	1
7	45663	1	18	45870	0
8	69442	0	19	137171	1
9	186894	0	20	48060	0
10	177046	0			

6.3.2　梅森旋转算法测试

根据不同的输入 seed，下面给出 3 组测试数据，包括 seed 值与输出的前 10 个伪随机数（十进制数），如表 6-7 所示。

表 6-7　梅森旋转算法测试数据

seed	0	1234	65535
输出 1	2357136044	822569775	830396586
输出 2	2546248239	2137449171	4100689589
输出 3	3071714933	2671936806	1135755905
输出 4	3626093760	3512589365	3844769943
输出 5	2588848963	1880026316	4124698092
输出 6	3684848379	2629000564	3951842709
输出 7	2340255427	3373089432	2653898755
输出 8	3638918503	3312965625	3583752502
输出 9	1819583497	3349970575	3875248359
输出 10	2678185683	3696548529	3043937779

针对表 6-7 给出的 seed = 0 的测试数据，表 6-8 给出了详细的中间数据（十进制数）。

表 6-8　中间数据

旋 转 链	seedInit	twist	输出
MT[0]	0	2443250962	2357136044
MT[1]	1	1093594115	2546248239
MT[2]	1812433255	1878467924	3071714933
MT[3]	1900727105	2709361018	3626093760
MT[4]	1208447044	1101979660	2588848963
MT[5]	2481403966	3904844661	3684848379
MT[6]	4042607538	676747479	2340255427
MT[7]	337614300	2085143622	3638918503
MT[8]	3232553940	1056793272	1819583497
MT[9]	1018809052	3812477442	2678185683

6.4 思考题

（1）请分析 PRNG 和 PRF 之间的异同。

（2）梅森旋转算法在初始化时，选取 seed 值时应该注意什么？

第 7 章　RC4 算法

7.1　算法原理

RC4 算法是 Ron Rivest 在 1987 年为 RSA 公司设计的一种对称加密算法，虽然它的官方名是“Rivest Cipher 4”，但 RC 也可以理解为“Ron's Code”。不同于 DES 等分组加密算法，RC4 算法不对明文进行分组处理，而是以字节流的方式依次加密明文中的每个字节，解密时再依次对密文中的字节进行解密。RC4 算法的特点是算法简单、运行速度快，且密钥长度可变，可变范围为 1～256 字节（8～2048 位）。在如今的技术条件下，当密钥长度为 128 位时，暴力搜索密钥的方法已经不可行，至今尚未找到对于 128 位密钥长度的 RC4 加密算法的有效攻击方法。

7.1.1　流密码

流密码的算法原理就是使用一串数字（密钥）来生成无限长的伪随机字节（密钥流），如图 7-1 所示。

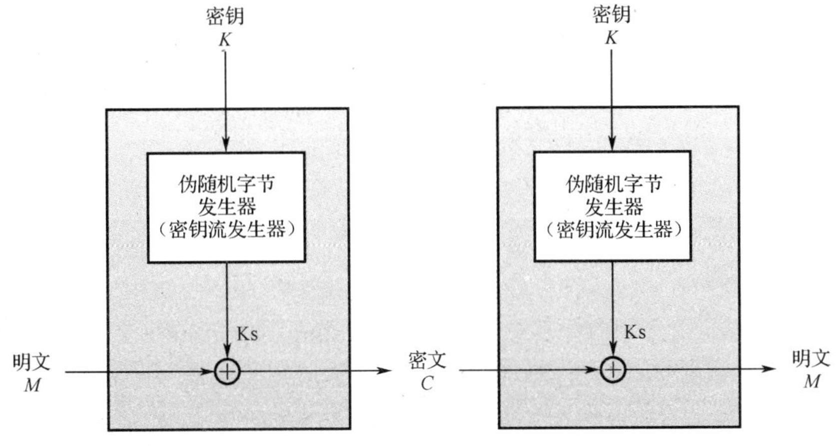

图 7-1　流密码算法原理

密钥被输入一个伪随机字节发生器中，该伪随机字节发生器产生一串随机的 8 位序列（密钥流），密钥流和明文（字节流）的字节进行按位异或运算后得到密文（字节流），解密时使用相同的密钥流。

在设计流密码时，应注意：

（1）密文的周期要长；

（2）密钥流应该尽可能地接近真正随机字节流的特征；

（3）为了防御穷举攻击，密钥应该足够长，目前最短应该为 128 位。

7.1.2 RC4 算法详细结构

RC4 算法是一种流密码，密钥长度可变，面向字节操作。下面介绍原理说明中所使用的主要变量。

（1）密钥流：RC4 算法的关键是根据明文和密钥生成相应的密钥流，密钥流的长度和明文的长度是对应的，也就是说，如果明文的长度是 500 字节，那么密钥流的长度也是 500 字节，加密生成的密文也是 500 字节，因为密文第 i 字节=明文第 i 字节 ⊕ 密钥流第 i 字节。

（2）状态数组 S：长度为 256 字节，各单元为 $S[0]$，$S[1]$，⋯ ，$S[255]$。每个单元为 1 字节，在算法运行的任何时候，S 都包括 0～255 之间所有的 8 位二进制数，只不过值的位置发生了变化。

（3）临时数组 T：长度为 256 字节，每个单元为 1 字节。如果密钥的长度是 256 字节，就直接把密钥的值赋给 T，否则轮转地将密钥的每字节赋给 T。

（4）密钥 K：长度为 1～256 字节，密钥的长度与明文的长度、密钥流的长度没有必然关系，通常密钥的长度为 16 字节（128 位）。

（5）密钥流 Ks：由从 S 的 256 个单元中按一种系统化的方式选出的一个单元生成，每生成一个 Ks，S 中的单元就被重新置换一次。

RC4 算法的流程如下。

（1）用 0～255 初始化 S，用密钥 K 初始化 T。

（2）用 T 产生 S 的初始置换。

（3）用 S 产生密钥流。

1. 密钥编排算法

RC4 算法首先使用密钥编排算法（Key Scheduling Algorithm，KSA）来完成 S 和 T 的初始化及 S 的初始置换。在置换时使用密钥 K，其长度一般取 5～16 字节，即 40～128 位，也可以更长，通常不超过 256 字节。首先用 0～255 初始化 S，然后使用密钥进行替换。

（1）初始化 S 和 T：用 0～255 填充 S，再用密钥 K 轮转填充 T，如图 7-2（a）所示。

（2）用 T 产生 S 的初始置换：设 j 的初值为零，在 $S[0]$，$S[1]$，⋯ ，$S[255]$中，对每个 $S[i]$，根据 $j=(j+S[i]+T[i]) \bmod 256$，交换 $S[i]$与 $S[j]$的值，如图 7-2（b）所示。

2. 密钥流的生成

完成 S 的初始化和初始置换后，密钥 K 就不再被使用了。在 S[0]，S[1]，…，S[255] 中，对每个 S[i]，根据 S 的当前配置，将 S[i]与另一字节置换，输出 1 字节的密钥流，如图 7-2（c）所示。当 S[255]完成置换后，从 S[0]开始进行重复操作。

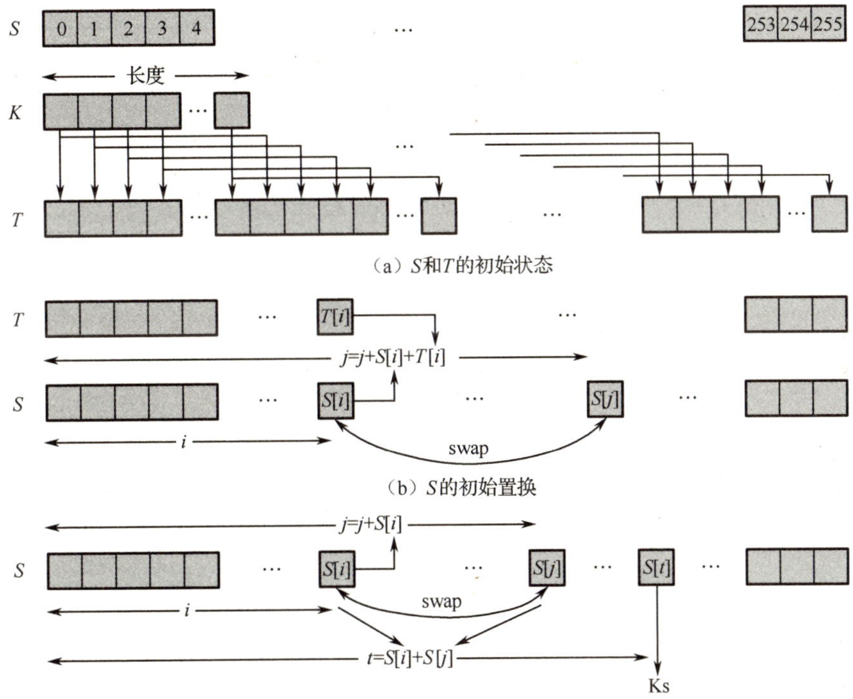

图 7-2 RC4 算法详细结构

7.2 算法实现

算法实现使用 Java 语言。RC4 算法在实现时可以被定义为一个单独的类 RC4，RC4 类中包含的各种数据如表 7-1 所示。

表 7-1 RC4 类中包含的各种数据

变量名	类型	中文解释
S	byte[]	状态数组
T	byte[]	临时数组
K	byte[]	密钥
Ks	byte[]	密钥流

除了数据定义，RC4类中还包含各种运算函数，如表7-2所示。

表7-2 RC4类中包含的各种运算函数

函数名	类型	中文解释
KSA	void	密钥编排函数
generateKey	byte[]	密钥流生成函数

RC4算法首先利用密钥 *K* 初始化 *S* 和 *T*，再利用 *T* 对 *S* 进行初始置换。然后，利用 *S* 生成密钥流，每生成1字节密钥流，*S* 中的元素就重新置换1次。最后，密钥流与明、密文按字节进行异或运算，得到加、解密的结果。加、解密的步骤完全一样，输入明文得到密文，输入密文得到明文。函数之间的调用关系如图7-3所示。

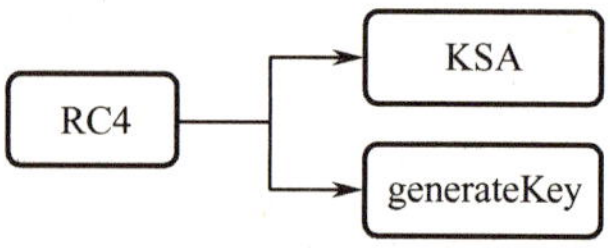

图7-3 函数之间的调用关系

RC4类的声明代码如下，包含一个功能函数和一个加密函数。

```
public abstract class RC4{
    public void KSA();
    public byte[] generateKey();
}
```

KSA函数的伪代码如下：

```
public void KSA(byte[] K){
    //初始化 S 和 T
    for (i = 0 to 255){
        S[i] = i;
        T[i] = K[i mod keylen];
    }
    //S 的初始置换
    j = 0;
    for (i = 0 to 255){
        j = (j+S[i]+T[i]) mod 256;
        swap(S[i],S[j]);
    }
}
```

generateKey函数的伪代码如下：

```
public byte[] generateKey() {
    i, j = 0;
```

```
        while (循环次数为明文长度) {
            i = (i + 1) mod 256;
            j = (j + S[i]) mod 256;
            swap(S[i], S[j]);
            t = (S[i] + S[j]) mod 256;
            Ks[r] = S[t];
        }
        返回 Ks;
    }
```

加、解密函数比较简单，只需要按照算法流程对文件流进行读取并按字节进行异或运算即可。

7.3　算法测试

7.3.1　输入和输出

根据密钥使用情况的不同，下面给出 5 组测试数据，包含输入的明文、密钥和输出的密文，测试数据使用十六进制数表示，如表 7-3 所示。

表 7-3　测试数据

密　钥	明　文	密　文
0x6e6f742d736f2d72616e646f6d2d6b6579	0x476f6f6420796f752061726520636f7272656374	0x2d7fee79ffc080b096f7ef99e8ee659c328e065f
0x3475bd76fa040b73f521ffcd9de93f24	0x1b5e8b0f1bc78d238064826704830cdb	0x227ffc688734f86fa1561575008 0c586
0x2b24424b9fed596659842a4d0b007c61	0x41b267bc5905f0a3cd691b3ddaee149d	0xf508c68cf099856bde9a88cb1d3c589b
0x0f1571c947d9e8590cb7add6af7f6798	0x0123456789abcdeffedcba9876543210	0x4dd28d94f5d0bfa9777e82ba06a5bef9
0x1234567890123456789012345678901234567890abcd	0x1234567890123456789012345678 90ab	0xd94736a36713a7652185d8a15241ed23

7.3.2　中间数据

针对表 7-3 给出的第 1 组测试数据，本节给出详细的中间数据，供读者参考。

明文：0x476f6f6420796f752061726520636f7272656374（字符串“Good you are correct”）

密钥：0x6e6f742d736f2d72616e646f6d2d6b6579（字符串“not-so-random-key”）

密文：0x2d7fee79ffc080b096f7ef99e8ee659c328e065f

中间数据如表 7-4 所示，表中数据均使用十六进制数表示，为方便阅读，省略前缀“0x”。

表 7-4　中间数据

<table>
<tr><td>初始化后的 S</td><td colspan="5">6e ad 54 22 1d 5d 62 1b 03 a5 25 12 53 96 7e 2c 0a ca 10 6c c7 5b e0 24 e1 50 37 07 a6 d2 5e 6f 2e 17 aa 46 79 2d 66 bd 06 00 ea 75 f1 85 b7 72 fb 39 f3 bf 89 2f 55 78 33 4c 36 94 3e cb 76 b0 23 e6 4a ff 5a bb 52 4f 40 b1 38 05 9a ee 9e fd fa d0 ef 5c 59 31 5f c8 af 1e 60 86 b2 1f d1 8b 48 f2 c0 34 a7 98 1a 15 81 99 3c 6a 32 2a 9f b9 70 7d 7c cf 67 88 28 71 3f db 29 51 49 b3 73 cc eb 3a 83 64 c2 d6 09 d4 0b ce 68 e5 e4 d9 9b 18 dc fe 21 7f c3 e7 43 d7 ed 93 a1 a3 d5 56 19 3d 87 95 ba 14 9d 74 ac 91 6b dd 44 c4 8e be 6d a9 c6 63 f4 df f5 0c f0 11 4b 9c 13 cd f6 b5 de 08 20 77 41 69 26 97 8d d3 04 e2 8a e9 58 7a 45 0f 4e bc 30 8c d8 c5 0e 80 ab 16 da 2b 90 e3 a0 a8 b4 ae c1 a4 02 f7 b6 e8 f8 f9 57 01 35 fc 47 1c 42 82 b8 4d ec 84 7b 61 a2 92 c9 8f 65 27 3b 0d</td></tr>
<tr><td>序　号</td><td>明　文</td><td>i</td><td>j</td><td>密钥流 Ks</td><td>密　文</td></tr>
<tr><td>1</td><td>47</td><td>01</td><td>ad</td><td>6a</td><td>2d</td></tr>
<tr><td>2</td><td>6f</td><td>02</td><td>01</td><td>10</td><td>7f</td></tr>
<tr><td>3</td><td>6f</td><td>03</td><td>23</td><td>81</td><td>ee</td></tr>
<tr><td>4</td><td>64</td><td>04</td><td>40</td><td>1d</td><td>79</td></tr>
<tr><td>5</td><td>20</td><td>05</td><td>9d</td><td>df</td><td>ff</td></tr>
<tr><td>6</td><td>79</td><td>06</td><td>ff</td><td>b9</td><td>c0</td></tr>
<tr><td>7</td><td>6f</td><td>07</td><td>1a</td><td>ef</td><td>80</td></tr>
<tr><td>8</td><td>75</td><td>08</td><td>1d</td><td>c5</td><td>b0</td></tr>
<tr><td>9</td><td>20</td><td>09</td><td>c2</td><td>b6</td><td>96</td></tr>
<tr><td>10</td><td>61</td><td>0a</td><td>e7</td><td>96</td><td>f7</td></tr>
<tr><td>11</td><td>72</td><td>0b</td><td>f9</td><td>9d</td><td>ef</td></tr>
<tr><td>12</td><td>65</td><td>0c</td><td>4c</td><td>fc</td><td>99</td></tr>
<tr><td>13</td><td>20</td><td>0d</td><td>e2</td><td>c8</td><td>e8</td></tr>
<tr><td>14</td><td>63</td><td>0e</td><td>60</td><td>8d</td><td>ee</td></tr>
<tr><td>15</td><td>6f</td><td>0f</td><td>8c</td><td>0a</td><td>65</td></tr>
<tr><td>16</td><td>72</td><td>10</td><td>96</td><td>ee</td><td>9c</td></tr>
<tr><td>17</td><td>72</td><td>11</td><td>60</td><td>40</td><td>32</td></tr>
<tr><td>18</td><td>65</td><td>12</td><td>70</td><td>eb</td><td>8e</td></tr>
<tr><td>19</td><td>63</td><td>13</td><td>dc</td><td>65</td><td>06</td></tr>
<tr><td>20</td><td>74</td><td>14</td><td>a3</td><td>2b</td><td>5f</td></tr>
</table>

7.3.3　无效置换和弱密钥问题

RC4 算法存在无效初始置换问题，考虑 $j=(j+S[i]+T[i]) \bmod 256$，取 $(j+T[i]) \equiv 0 \bmod 256$，即 $T[i]=[0,0,255,254,\cdots,2]$。在这样的情况下，$S$ 的初始化存在无

效置换问题，*S* 完全不会被置换。攻击者可通过统计分析破解密文，通过程序也可进行验证，如表 7-5 所示。表中给出了弱密钥 *K* 和初始化后的 *S*，表中数据均使用十六进制数表示，为方便阅读，省略前缀“0x”。

表 7-5　弱密钥 *K* 和无效置换后的 *S*

弱密钥 *K*	0000fffefdfcfbfaf9f8f7f6f5f4f3f2 f1f0efeeedecebeae9e8e7e6e5e4e3e2 e1e0dfdedddcdbdad9d8d7d6d5d4d3d2 d1d0cfcecdcccbcac9c8c7c6c5c4c3c2 c1c0bfbebdbcbbbab9b8b7b6b5b4b3b2 b1b0afaeadacabaaa9a8a7a6a5a4a3a2 a1a09f9e9d9c9b9a9998979695949392 91908f8e8d8c8b8a8988878685848382 81807f7e7d7c7b7a7978777675747372 71706f6e6d6c6b6a6968676665646362 61605f5e5d5c5b5a5958575655545352 51504f4e4d4c4b4a4948474645444342 41403f3e3d3c3b3a3938373635343332 31302f2e2d2c2b2a2928272625242322 21201f1e1d1c1b1a1918171615141312 11100f0e0d0c0b0a0908070605040302
初始化后的 *S*	00 01 02 03 04 05 06 07 08 09 0a 0b 0c 0d 0e 0f 10 11 12 13 14 15 16 17 18 19 1a 1b 1c 1d 1e 1f 20 21 22 23 24 25 26 27 28 29 2a 2b 2c 2d 2e 2f 30 31 32 33 34 35 36 37 38 39 3a 3b 3c 3d 3e 3f 40 41 42 43 44 45 46 47 48 49 4a 4b 4c 4d 4e 4f 50 51 52 53 54 55 56 57 58 59 5a 5b 5c 5d 5e 5f 60 61 62 63 64 65 66 67 68 69 6a 6b 6c 6d 6e 6f 70 71 72 73 74 75 76 77 78 79 7a 7b 7c 7d 7e 7f 80 81 82 83 84 85 86 87 88 89 8a 8b 8c 8d 8e 8f 90 91 92 93 94 95 96 97 98 99 9a 9b 9c 9d 9e 9f a0 a1 a2 a3 a4 a5 a6 a7 a8 a9 aa ab ac ad ae af b0 b1 b2 b3 b4 b5 b6 b7 b8 b9 ba bb bc bd be bf c0 c1 c2 c3 c4 c5 c6 c7 c8 c9 ca cb cc cd ce cf d0 d1 d2 d3 d4 d5 d6 d7 d8 d9 da db dc dd de df e0 e1 e2 e3 e4 e5 e6 e7 e8 e9 ea eb ec ed ee ef f0 f1 f2 f3 f4 f5 f6 f7 f8 f9 fa fb fc fd fe ff

在今后相当长的一段时间里，RC4 算法仍然可以有效抵御暴力搜索密钥的攻击。但 RC4 算法存在弱密钥问题，有些弱密钥使序列在不到 100 万字节内发生完全重复，或者在不到 10 万字节内发生部分重复，所以在使用之前，需要对密钥进行测试，判断其是否为弱密钥。

7.4　思考题

（1）简要分析流密码和一次一密的异同。

（2）请指出 RC4 算法中涉及的基本运算，并简要说明其作用。

第 8 章　RSA 算法

RSA（Rivest Shamir Adlemen）算法是一种公开的密钥密码算法，由 Ron Rivest、Adi Shamir 和 Leonard Adleman 于 1977 年共同提出，算法名字由三人姓氏首字母组合而成。RSA 算法旨在解决利用公开信道传输、分发私钥的难题，还可用于保护数据信息的完整性。RSA 算法是目前最有影响力和最常用的公钥加密算法，其安全性依赖于大整数分解难题，能够抵抗目前已知的绝大多数密码攻击，已被 ISO 推荐为公钥数据加密标准。

8.1　算法原理

8.1.1　RSA 算法整体结构

RSA 算法包括密钥生成算法、加密算法和解密算法。RSA 算法中的一对密钥分为加密密钥（即公钥）PK 和解密密钥（即私钥）SK，公钥 PK 是公开信息，私钥 SK 需要保密。加密时使用公钥 PK 对明文进行加密，得到密文，解密时使用私钥 SK 对密文进行解密，得到明文。

1. 密钥生成算法

（1）任选两个不同的大素数 p 和 q，计算 $n=pq$，$\varphi(n)=(p-1)(q-1)$。

（2）任选一个大整数 e，满足 $\gcd(e,\varphi(n))=1$，e 为公钥 PK。

（3）作为私钥 SK 的 d，应满足 $de \bmod \varphi(n)=1$，即 $de=k\varphi(n)+1$，其中，$k \geqslant 1$ 且是一个任意整数。

（4）公开整数 n 和 e，秘密保存 d。

2. 加密算法

将明文 m（$m<n$，是一个整数）加密成密文 c，加密算法为

$$c=E(m)=m^e \bmod n$$

3. 解密算法

将密文 c 解密为明文 m，解密算法为

$$m=D(c)=c^d \bmod n$$

8.1.2　RSA-OAEP 算法

RSA 算法的加、解密过程固定，因此在实际使用时，需通过对消息添加 OAEP（Optimal Asymmetric Encryption Padding，最优非对称加密填充）的方式来增加算法的随机性，以此来保证消息的安全，这种算法称为 RSA-OAEP 算法。RSA-OAEP 算法包括 3 个子算法，分别为填充算法、加密算法和解密算法。

1. 填充算法

（1）选择参数集 *P* 作为 Hash 函数 *H* 的输入，输出用 0 填充，以获得期望的长度，放入整体数据块 DB 内。

（2）随机选择一个种子（seed）作为掩码生成函数 MGF 的输入，输出 Hash 值和 DB 进行按位异或运算，产生掩码 DB（maskedDB）。该 maskedDB 反过来又作为 MGF 的输入产生一个 Hash 值，该 Hash 值和种子进行异或运算，产生掩码种子（maskedSeed）。将 maskedSeed 和 maskedDB 连接起来，构成编码后的消息 EM。填充算法示意图如图 8-1 所示。

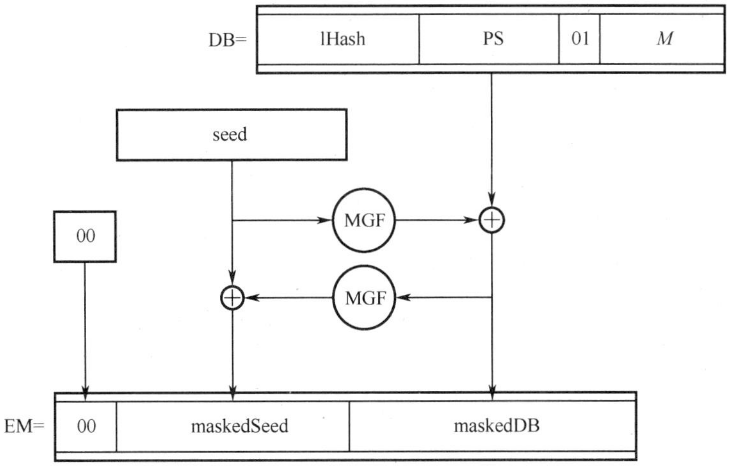

图 8-1　填充算法示意图

2. 加密算法

将填充好的消息作为明文，利用 RSA 算法进行加密，并发送给接收者。

3. 解密算法

接收者收到密文，利用 RSA 算法对其进行解密，得到填充的明文，之后执行以下操作。

（1）将得到的明文 M' 拆分为 Y||maskedSeed||maskedDB，其中 Y 为解密得到的消息的第 1 字节，maskedSeed 的长度为 hLen，其余部分为 maskedDB。

（2）计算 $seedmask = MGF(maskedDB, hLen)$，计算 $seed = maskedSeed \oplus seedmask$。

（3）计算 DB 的掩码 $DBmask = MGF(seed, Lengthof(M') - hLen - 1)$。

（4）计算 $DB = maskedDB \oplus DBmask$。

（5）验证 DB 是否符合如下形式：DB=lHash||PS||0x01||M，其中 PS 中的每一字节均为 0x00。当以上条件均符合且明文的第 1 字节（Y）也为 0x00 时，将 M 取出，作为明文信息，OAEP 验证成功，解密成功。

8.2 算法实现

算法实现使用 Java 语言。算法在实现时可以被定义为单独的类 RSA 和 RSAOAEP，RSA 和 RSAOAEP 类中包含的各种数据如表 8-1 所示。

表 8-1 RSA 和 RSAOAEP 类中包含的各种数据

变 量 名	类 型	中 文 解 释
plaintext	BigInteger	RSA 输入的明文
ciphertext	BigInteger	RSA 输出的密文
plainOAEP	byte[]	RSAOAEP 输入的明文
cipherOAEP	BigInteger	RSAOAEP 输出的密文
e	BigInteger	公钥
n	BigInteger	公钥
d	BigInteger	私钥

除了数据定义，RSA 和 RSAOAEP 类中还包含各种运算函数，如表 8-2 所示。

表 8-2 RSA 和 RSAOAEP 类中包含的各种运算函数

函 数 名	类 型	中 文 解 释
encrypt	BigInteger	RSA 加密函数
decrypt	BigInteger	RSA 解密函数
getPrime	BigInteger	素数筛选函数
generateKey	BigInteger[]	密钥生成函数
encryptOAEP	BigInteger	OAEP 加密函数
decryptOAEP	byte[]	OAEP 解密函数
encode	byte[]	编码函数
decode	byte[]	解码函数
MGF	byte[]	掩码生成函数

8.2.1 RSA 算法实现

1. 程序整体结构

函数之间的调用关系如图 8-2 所示。

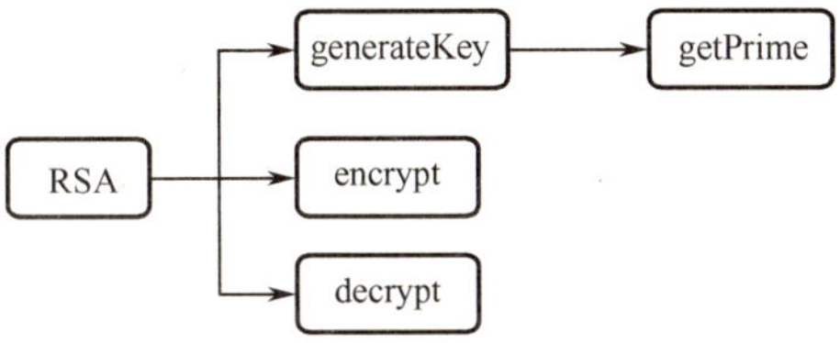

图 8-2 函数之间的调用关系

通过上述的结构分析，得到 RSA 类的声明代码：

```
public abstract class RSA{
    public BigInteger getPrime();
    public BigInteger[ ] generateKey();
    public BigInteger encrypt();
    public BigInteger decrypt();
}
```

2. 密钥生成函数

首先，调用 generateKey 函数来生成加、解密时所需要的公、私钥对，输入安全参数，输出公钥(e, n)和私钥(d, n)，伪代码如下：

```
public BigInteger[ ] generateKey(int bits) {
    sizeP = bits / 2;
    sizeQ = bits – sizeP;
    p = getPrime(sizeP);
    q = getPrime(sizeQ);
    n = p*q;
    计算 ϕ(n) = (p-1)*(q-1);
    选择整数 e，使得 gcd(ϕ(n), e) == 1 且 e > 1;
    计算 d = e^-1 (mod ϕ(n));
    返回(e, d, n);
}
```

其中，getPrime 函数用于生成指定长度的大素数，输入素数比特数 bitCount，输出素数 init，伪代码如下：

```
public BigInteger getPrime(int bitCount) {
    init = new BigInteger(bitCount, rnd);
```

```
    若 n 为偶数, 则将其加 1, 变为奇数;
    //isPrime 为素数筛选算法, 可以采用 Miller-Rabin 专性检测等方法
    while (!isPrime(init)) {
        init = init+2;
    }
    返回 init;
}
```

3. 加密函数

加密函数输入明文 plaintext 和公钥(e, n)，输出密文 ciphertext，伪代码如下：

```
public BigInteger encrypt(BigInteger plaintext, BigInteger e, BigInteger n) {
    //fastPow 为快速模幂算法
    BigInteger 方法重新实现;
    ciphertext = fastPow(plaintext, e, n);
    返回 ciphertext;
}
```

4. 解密函数

解密函数输入密文 ciphertext 和私钥(d, n)，输出明文 plaintext，伪代码如下：

```
public BigInteger decrypt(BigInteger ciphertext, BigInteger d, BigInteger n) {
    plaintext = fastPow(ciphertext, d, n);
    返回 plaintext;
}
```

8.2.2 RSA-OAEP 算法实现

1. 程序整体结构

函数之间的调用关系如图 8-3 所示。

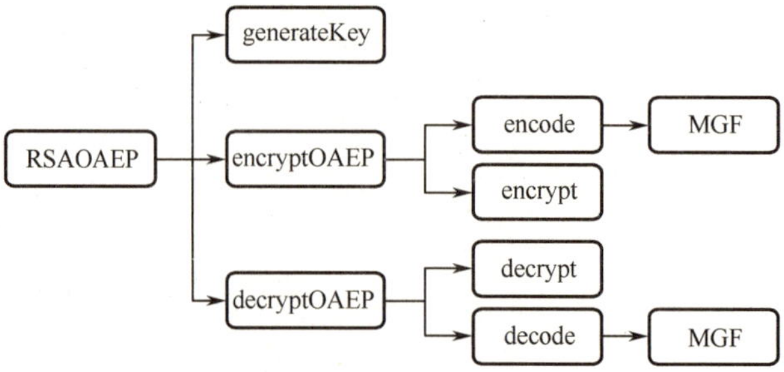

图 8-3 函数之间的调用关系

通过上述的结构分析，得到 RSAOAEP 类的声明代码：

```
public abstract class RSAOAEP{
    public BigInteger encryptOAEP();
    public byte[] decryptOAEP();
    public byte[] encode();
    public byte[] decode();
    public byte[] MGF();
    public BigInteger[] generateKey();
    public BigInteger encrypt();
    public BigInteger decrypt();
}
```

2. 加密函数

密钥生成函数与 RSA 相同，在此不再赘述。加密函数的输入为明文 plainOAEP、参数 L、编码长度 k 和公钥(e, n)，输出为加密结果 cipherOAEP，伪代码如下：

```
public BigInteger encryptOAEP(byte[] plainOAEP, String L, int k, BigInteger e, BigInteger n){
    EM = encode(plainOAEP, L, k);
    EMBigInt = BigInteger (EM);
    cipherOAEP = encrypt(EMBigInt, e, n);
    返回 cipherOAEP;
}
```

其中，encode 为编码函数，其输入为明文 plainOAEP、参数标签 L 和编码长度 k，输出为编码后的消息 EM，伪代码如下：

```
public byte[] encode(byte[] plainOAEP, String L, int k){
    检查长度，判断是否能对消息进行填充;
    mLen = len(plainOAEP);
    lHash = hash(L);字节长度为 hLen;
    PS = (k - mLen - 2 * hLen - 2);
    计算 DB = lHash || PS || 0x01 || plaintext;
    seed = getRandomBytes(hLen);
    DBmask = MGF(seed, k - hLen - 1);
    maskedDB = DB ^ DBmask;
    seedmask = MGF(maskedDB, hLen);
    maskedSeed = seed ^ seedmask;
    计算 EM = '0x00' || maskedSeed || maskedDB;
    返回 EM;
}
```

其中，用到的 Hash 方法为 hash 函数，MGF 为掩码生成函数，其输入为消息 X 和掩码长度 maskLen，输出为产生的掩码 T：

```
public byte[] MGF(byte[] X, int maskLen){
    HM = hash(X);
    len 为 HM 的长度;
    counter = 0;
    if(maskLen == len){
        返回 HM;
    }
    else if (maskLen > len){
        T=" "; tLen 为 T 的长度;
        while(maskLen > tLen){
            T = T+hash(X || counter);
            counter = counter+1;
        }
        返回 T 的前 maskLen 字节;
    }
}
```

3．解密函数

解密函数的输入为密文 cipherOAEP、参数标签 L、编码长度 k 和私钥(d, n)，输出为明文 plainOAEP，伪代码如下：

```
public byte[] decryptOAEP(BigInteger cipherOAEP, String L, int k, BigInteger d, BigInteger n){
    EMBigInt = decrypt(cipherOAEP, d, n);
    EM = byte[](EMBigInt);
    plainOAEP = decode(EM, L, k);
    返回 plainOAEP;
}
```

其中，decode 为解码函数，其输入为编码后的消息 EM、参数标签 L 和编码长度 k，输出为明文 plainOAEP，伪代码如下：

```
public byte[] decode(byte[] EM, String L, int k){
    检查长度是否正确;
    lHash = hash(L)，长度为 hLen;
    根据长度将 EM 分为 Y、maskedSeed、maskedDB;
    seedmask = MGF(maskedDB, hLen);
    seed = maskedSeed ^ seedmask;
    DBmask = MGF(seed, k - hLen - 1);
    DB = maskedDB ^ DBmask;
    验证 lHash || PS || 0x01 || plainOAEP = DB;
    assert(lHash == PS);
    返回 plainOAEP;
}
```

8.3 算法测试

8.3.1 RSA 算法测试

RSA 算法测试数据包含明文、公钥(e, n)、私钥(d, n)和密文，测试数据如表 8-3 所示，均使用十进制数表示。

表 8-3 测试数据

公　钥	私　钥	明　文	密　文
(7,187)	(23,187)	88	11
(11,11023)	(5891,11023)	3314	10260
(26589424448636160941867298164465152987302029774407395959849702832971856756220506623367409399492676170010862512141310807582318024033828312758743224450396414408843732978758471783495046307631534954907554013874500289958551597368953963777354092962663978572851545690536031953154691183446724438060273629003918901734 7, 29439730736158432182978588709553972564961685766970836808842413061173800223926087774811216982170651069050949874684673896424617026130980647139535834194258776799656649412948496555011382417968989420562035713213541173990395728593374351785810705068811073040172880329379979757728823435303491191950932052658213 5202311)	(26728897089345060053430553184732637402516489193506932168304061677413295370887744991113699913436688517271794103613517516006171262574433782131470698168934495215055222472418670180543223667843642944119961327292981285616946491252908603368321011198077938327319950594906779956548689040437413097649247041677577 5712171, 29439730736158432182978588709553972564961685766970836808842413061173800223926087774811216982170651069050949874684673896424617026130980647139535834194258776799656649412948496555011382417968989420562035713213541173990395728593374351785810705068811073040172880329379979757728823435303491191950932052658213 5202311)	1122334455667788	71860032154443168513685152570966635952098135309451679709998248703130156773370334104776883586352892879997808224795459633678367264467288086300880630764205357666097233102939045352472097661096284910465401038464173200514448495414921305878475668702805050346013130564721947331500481523796112589075775407109552347709

8.3.2 RSA-OAEP 算法测试

以下采用 sha256 的哈希算法生成 3 组大整数测试数据，包含明文、公钥、私钥、EM 和密文，测试数据如表 8-4 所示。其中，seed、EM、hex 数据使用十六进制数表示，其他数据使用十进制数表示。

表 8-4 测试数据

公钥（e,n,seed）	私钥（d）	明文（string）	EM	密文（hex）
(65537, 8968589805326203310470947027342270154914493723822992572356534576855469981085784058571986094623043766925652886956312921217960693506095224925929819788129199, 0x078f69d1571a0ec172bb85bddc05073b8060f9e5)	1136930956599327053471971983813106801456118129568357146209592890497203787217283672995412641142415848546732916187273734131683301756103810874029951376740449	"~~H0w beautiful it is"	0x00364589d9a74908bc683895e581f3100c71bb0117da39a378d3805906c3d1852b9f908910bce2122ea337c60e32491fd709d5add434e6cea2336ec69b420409	0x7ca1cf396d7240b868d6b488d5d0e056ede5d4d83a516fb7f507d80192b3f75cc452581ad73b16c8abb5d797821a494a414fabed54cf212090dcc6c01dc5212e
(65537, 8607371926839837272779394520229641778202877100035455694317896887572699795305141674572213889395584064034353684537019257868757750135473115492382434270747661, 0xa44babb31329f4d9e55a99ff9bee5fbaf0c07d55)	237586948069842464965712874972846208657231864045716760776676922495979582979182182709069824639238083420416090978414831729001826412742899880910385800266657	"I love Cryptography!"	0x00ae8ca9300f050671e4236537845c1d9754c8c0ccda39a384cc7afe7f3dc2a9c63ab8fbc630ff33dbab6ec00b483016e6c20297c30955473ab23d781f444975	0x685672d06872d0a02d0ea79f70fde6133361abc0dae9e28ce6e6a6f5c0a7e3f7bdf72f2405a7fc72e7cd561eb07968504e221b014f20d6ca81e7314c34bf523f
(65537, 5834741948909160468390565803661602014573298818654991875119494762357609045350556851837230381333420788673736852763176990736667382100193882700713560469786133, 0x6c48a93c4301a04c370223e64a28a738a4bbe747)	2056675980922997939794169104938991228445882112543280395915825388791417467333561973310207293638830815669334269225484598841401378445132525238055912375054717	"RSA is so weird..."	0x000bbb93bb9ed7af67c0280c41682e9287c14be56dda39a318cf88c5f08001c66a1bcd173e4e93dbb7aae8300fec555679ac2a6a286924145f75d6bbe7393754	0x5f3cd82d4a9711179b9a6c23bec7e097204a54c6edc387d65e5e82d6fcefe20bc766a7976b4f517d76e42768dfcbe3ce89461791131acf6912173a30fc5d3270

8.4 思考题

（1）RSA 算法在生成密钥时为什么要选取大素数？请简要说明。

（2）阐述如何利用 RSA 算法的性质进行选择密文攻击。

第 9 章　Diffie-Hellman 密钥交换协议

为了保证密钥的安全传输，W.Diffie 和 M.E.Hellman 于 1976 年提出了一种公钥密码算法，这种算法通常称为 Diffie-Hellman 密钥交换协议（简称 DH 密钥交换协议），可以让双方在完全缺乏对方私有信息的前提下，通过不安全信道得到一个公用密钥。此密钥用于后续信息交换的对称加密。DH 密钥交换协议在许多商业产品中都有使用，也与其他密码算法结合，形成了更多种类的公钥算法。

9.1　算法原理

9.1.1　DH 密钥交换协议

DH 密钥交换协议实现的具体过程如下，其中素数 q 和其本原根 α 是两个公开的整数。

（1）用户 A 选择一个随机整数 $X_A < q$，计算 $Y_A = \alpha^{X_A} \bmod q$。

（2）用户 B 选择一个随机整数 $X_B < q$，计算 $Y_B = \alpha^{X_B} \bmod q$。

（3）用户 A 计算 $K_A = (Y_B)^{X_A} \bmod q$，并将其作为密钥。

（4）用户 B 计算 $K_B = (Y_A)^{X_B} \bmod q$，并将其作为密钥。

（5）$K = K_A = K_B$，用户 A 和用户 B 完成密钥交换。

DH 密钥交换协议实现过程如图 9-1 所示。

9.1.2　基于 ECC 的 DH 密钥交换协议

定义椭圆上的点群 $E_p(a,b)$，并在其中挑选基点 $G = (x_g, y_g)$，G 的阶为一个大数 n，n 是使得 $nG = 0$ 的最小正整数。将 $E_p(a,b)$ 和 G 公开。

基于 ECC（椭圆曲线密码算法，见第 10 章）的 DH 密钥交换协议实现的具体步骤如下。

（1）用户 A 选择一个小于 n 的整数 n_A 作为其私钥。

（2）用户 B 选择一个小于 n 的整数 n_B 作为其私钥。

（3）用户 A 计算公钥 $P_A = n_A \times G$ 发送给用户 B，该公钥是 $E_p(a,b)$ 中的一个点。

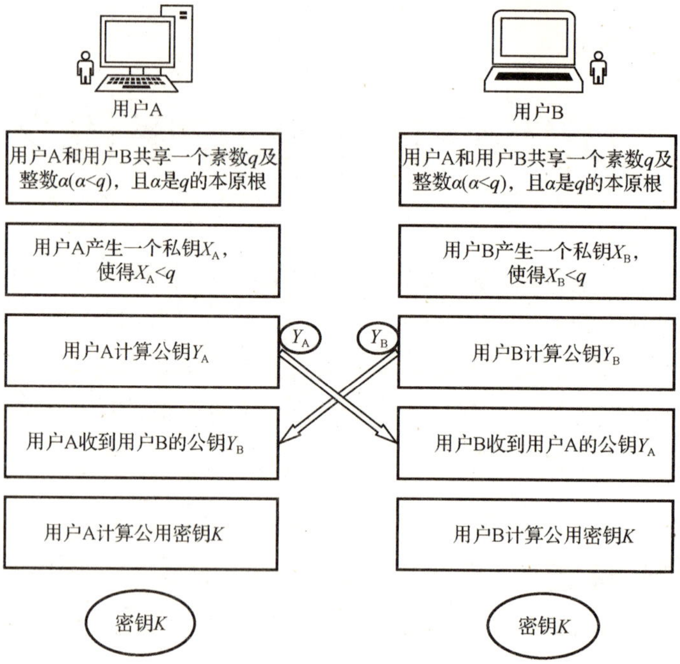

图 9-1 DH 密钥交换协议实现过程

（4）用户 B 计算公钥 $P_B = n_B \times G$ 发送给用户 A，该公钥是 $E_p(a,b)$ 中的一个点。

（5）用户 A 产生私钥 $K_A = n_A \times P_B$，用户 B 产生私钥 $K_B = n_B \times P_A$。

用户 A 和用户 B 计算的 K_A 和 K_B 相等，因为 $n_A \times P_B = n_A \times (n_B \times G) = n_B \times (n_A \times G) = n_B \times P_A$。

基于 ECC 的 DH 密钥交换协议实现过程如图 9-2 所示。

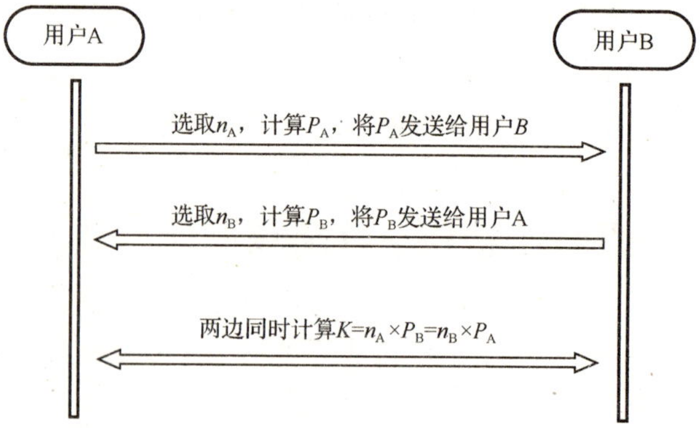

图 9-2 基于 ECC 的 DH 密钥交换协议实现过程

9.2 算法实现

算法实现使用 Java 语言。DH 密钥交换协议和基于 ECC 的 DH 密钥交换协议在实现时可以被定义为一个单独的类 DHexchange，DHexchange 类中包含的各种数据如表 9-1 所示。

表 9-1　DHexchange 类中包含的各种数据

变 量 名	类　型	中 文 解 释
p	BigInteger	选择的大素数 p
g	BigInteger	GF(p)的本原根
G	ECPoint	椭圆曲线上的基点
na	BigInteger	用户 A 的私钥
nb	BigInteger	用户 B 的私钥
Pa	ECPoint	用户 A 的公钥
Pb	ECPoint	用户 B 的公钥
keyA	BigInteger	用户 A 计算出的公用密钥
keyB	BigInteger	用户 B 计算出的公用密钥

除了数据定义，DHexchange 类中还包含各种运算函数，如表 9-2 所示。

表 9-2　DHexchange 类中包含的各种运算函数

函 数 名	类　型	中 文 解 释
DH	String	DH 密钥交换协议函数
ECDH	String	基于 ECC 的 DH 密钥交换协议函数

通过上述的结构分析，得到 DHexchange 类的声明代码：

```
public abstract class DHexchange {
    public BigInteger p;
    public BigInteger g;
    public String DH();
    public String ECDH();
}
```

1. DH 函数

调用 DH 函数来完成用户 A 和用户 B 的 DH 密钥交换过程，fastpow 为快速求幂函数，函数的输出为交换的公用密钥，函数的伪代码如下：

```
public String DH(){
    //用户 A 生成私钥 na，计算 Pa
    Pa = fastpow(g, na, p);
    //用户 B 生成私钥 nb，计算 Pb
    Pb = fastpow(g, nb, p);
    //用户 A 通过 B 计算公用密钥 keyA
```

```
        keyA = fastPow(Pb, na, p);
        //用户 B 通过 A 计算公用密钥 keyB
        keyB = fastPow(Pa, nb, p);
        if(keyA == keyB)
            返回“交换成功”;
        else
            返回“交换失败”;
}
```

2. ECDH 函数

ECDH 函数的输出为交换的公用密钥，函数的伪代码如下：

```
public String ECDH(){
    //用户 A 生成私钥 na，计算 Pa
    Pa = multiply(na, G);
    //用户 B 生成私钥 nb，计算 Pb
    Pb = multiply(nb, G);
    keyA = multiply(na, Pb);
    keyB = multiply(nb, Pa);
    if(keyA == keyB)
        返回“交换成功”;
    else
        返回“交换失败”;
}
```

值得注意的是，本算法只是模拟了用户 A 和用户 B 的密钥交换过程，算法的全过程都在同一个方法中实现。在实际情况下，用户 A 和用户 B 应该处在不同的计算设备中，并且应该有完整的通信过程，分别持有 keyA 和 keyB。

9.3 算法测试

9.3.1 DH 密钥交换协议测试

在测试中，本原根 $\alpha = 3034683$，素数 $q = 20363742736892961420344385878899$，密钥交换过程中的数据和最终交换的密钥如表 9-3 所示。本节数据使用十进制数表示。

表 9-3　DH 密钥交换协议测试数据 1

用户 A		用户 B	
私钥 X_A	1153573475466882726858487539880	私钥 X_B	56382819013726399044626254683
公钥 Y_A	1036819405652475734188440387988	公钥 Y_B	1269973725853698322054741168192
$(Y_B)^{X_A} \bmod q$	121376465268231698585106305048	$(Y_A)^{X_B} \bmod q$	121376465268231698585106305048
K	121376465268231698585106305048		

下面再给出 2 组 DH 密钥交换协议测试数据，使用相同的本原根 α 和素数 q，如表 9-4 和表 9-5 所示。

表 9-4　DH 密钥交换协议测试数据 2

用户 A		用户 B	
私钥 X_A	630142561702485290337074650735	私钥 X_B	900816054281603185686186252997
公钥 Y_A	1287941963023882622329829046322	公钥 Y_B	1576155571936942573191091617229
$(Y_B)^{X_A} \bmod q$	1424400100205334869359880342600	$(Y_A)^{X_B} \bmod q$	1424400100205334869359880342600
K	1424400100205334869359880342600		

表 9-5　DH 密钥交换协议测试数据 3

用户 A		用户 B	
私钥 X_A	1594347058928137744806136266747	私钥 X_B	1004312614212178016681323664138
公钥 Y_A	1300657119048987593787522258320	公钥 Y_B	970288989254472279613928767521
$(Y_B)^{X_A} \bmod q$	96511291108447467514916814556	$(Y_A)^{X_B} \bmod q$	96511291108447467514916814556
K	96511291108447467514916814556		

9.3.2　基于 ECC 的 DH 密钥交换协议测试

基于 ECC 的 DH 密钥交换协议的输入为用户 A 和用户 B 选取的私钥 n_A 和 n_B，中间参数为通过 n_A 和 n_B 计算出的交换参数 P_A 和 P_B，最终输出为用户 A 和用户 B 利用私钥和交换结果计算出的 K_A 和 K_B，二者应相等。下面将给出 1 组测试数据，域参数如表 9-6 所示。本节数据使用十六进制数表示。

表 9-6　域参数

参　　数	内　　容
选择的大素数 p	0x8542d69e4c044f18e8b92435bf6ff7de457283915c45517d722edb8b08f1dfc3
基点 G 的阶 n	0x8542d69e4c044f18e8b92435bf6ff7dd297720630485628d5ae74ee7c32e79b7
曲线参数 a	0x787968b4fa32c3fd2417842e73bbfeff2f3c848b6831d7e0ec65228b3937e498
曲线参数 b	0x63e4c6d3b23b0c849cf84241484bfe48f61d59a5b16ba06e6e12d1da27c5249a
G 点横坐标 x_g	0x421debd61b62eab6746434ebc3cc315e32220b3badd50bdc4c4e6c147fedd43d
G 点纵坐标 y_g	0x0680512bcbb42c07d47349d2153b70c4e5d7fdfcbfa36ea1a85841b9e46e09a2

第 1 组测试数据如表 9-7 所示。

表 9-7 基于 ECC 的 DH 密钥交换协议测试数据 1

用户 A	
私钥 n_A	0x111e32da4d217b865cccb70c847603121eae9bfd95bdf399af626d23c05c742c
公钥 P_A	（0x843884481073b5ab82c7de3312d3423b55c1aa6de69f 88de801332fb57df 448， 0x964b1e3d58ae49663918050801e71c92a3642ea150c347586548da9fa14387222）
K_A	（0x48781d2ee37339b5530250586f9ac6afb51912d00b68124b617441b2d8ab249e， 0x7554de2af69e8701af8a2c049ce8105e19c6cc373f70dfdb00b4b6e27651237f）
用户 B	
私钥 n_B	0x4f593b08c8831a5219c961e1a3406401b20655492e5000b1fb5793241501e931
公钥 P_B	（0x5d97d6257591c9262cf62cc3c4e25247c01636ce586f8bd0c989cd9fc47a7155， 0x24abee582cdd8350db90d53285a0c75bb5af82c1020a8072d71cf18852fe38ce）
K_B	（0x48781d2ee37339b5530250586f9ac6afb51912d00b68124b617441b2d8ab249e， 0x7554de2af69e8701af8a2c049ce8105e19c6cc373f70dfdb00b4b6e27651237f）

类似地，给再出 2 组测试数据，域参数同表 9-6。

第 2 组测试数据如表 9-8 所示。

表 9-8 基于 ECC 的 DH 密钥交换协议测试数据 2

用户 A	
私钥 n_A	0x3d54b98f2514bb206d41603321649b4fdfe3a5940d64b463ae8200ff86de9230
公钥 P_A	（0x7d7c6c986b0e50da7bd5b49f1291a76b8a6a3fd92d4157995bf20926025c4c25， 0x5c485be4c2a645ae8275694043c8dab0a8f8f7f6db6447f0fd5d0b9afe16eece）
K_A	（0x3b75083d29293d8c163e6c39106603116b4b4dec4aafb37b18ab04169c5eec6a4， 0x7ef39e1a2cd7e22d3b929017cca998f7c3eea0ca579b86bc133d6c5d88db866）
用户 B	
私钥 n_B	0x300294bf52c16ee418ee3faec3989623ff42c325f8dda19f49547b9dfbfb66c5
公钥 P_B	（0x3b4d4f83b08d369634ca5838c14d6160029f9510e9998b77205ff33c16f55d60， 0x1e098ab40ecb85ae387270bfddec051c7e4e6fed9801527280f79e2d90af2653）
K_B	（0x3b75083d29293d8c163e6c39106603116b4b4dec4aafb37b18ab04169c5eec6a4， 0x7ef39e1a2cd7e22d3b929017cca998f7c3eea0ca579b86bc133d6c5d88db866）

第 3 组测试数据如表 9-9 所示。

表 9-9 基于 ECC 的 DH 密钥交换协议测试数据 3

用户 A	
私钥 n_A	0x59cc5c943c58d670886705b4fc4dcbf5b10ea335140d50b4497d2d1193e44aaa
公钥 P_A	（0x2acf093c5d8aaf6b644d5b47cb538dc3ac308579608c473626d2304177f2c5fe， 0x072af198832ac4d64b8b2998bba3e5b969c6e209a9f560106690eaa7b7e78677）
K_A	（0x0384fc0227683f4e0299ae291c20f66592d75d2edaf9ac8b19610e369f48fefa， 0x773bd11ead413f6e212695eeafd222488d93a2cfbf0b18a6562b4eeaedc22860）
用户 B	
私钥 N_B	0x74ad38c5a83eaca9e11b6bb71ca34c40a9f2df7ae503b3ec7c74811e4e987306

续表

公钥 P_B	（0x303d61f6f52f75f2873527410d97fc6e0258464a968d9d6151d6eb94fb1039cf， 0x6de5d0c159a26113deacc3eafb4bf622148e9629bf33d1dedf083208163bd9c7）
K_B	（0x0384fc0227683f4e0299ae291c20f66592d75d2edaf9ac8b19610e369f48fefa， 0x773bd11ead413f6e212695eeafd222488d93a2cfbf0b18a6562b4eeaedc22860）

9.4 思考题

（1）用户 A 和用户 B 选择 DH 密钥交换协议进行通信，假设双方商定素数 $p=97$，本原根 $\alpha=5$，通信中用户 A 选择的整数 $x=36$，用户 B 选择的整数 $y=58$，试计算双方的公用密钥。

（2）在 DH 密钥交换协议中，素数 p、本原根 α 及通信双方选择的整数这 4 个参数在选择时有哪些注意事项？简要说明原因。

第 10 章　椭圆曲线密码算法

椭圆曲线密码（Elliptic Curve Cryptography，ECC）算法是一种公开密钥密码算法，使用椭圆曲线上离散对数问题的计算困难性来保证算法安全。通常来说，160 位的椭圆曲线密码算法提供的安全强度与 1024 位密钥的 RSA 算法相当。因此，在提供相同安全强度的情况下，ECC 算法的加密和解密速度比 RSA 算法更快。ECC 算法于 1985 年被首次提出，于 21 世纪得到广泛应用。ECC 算法应用范围很广，常见的安全协议（如 HTTPS、SSL 等）采用的加密技术之一就是 ECC，比特币所选用的签名算法也是基于 ECC 的数字签名算法。

10.1　算法原理

椭圆曲线的方程一般可以表示为

$$y^2 + axy + by = x^3 + cx^2 + dx + e$$

其中，a，b，c，d，e 是实数，x，y 在实数集上取值。对于椭圆曲线上的算法来说，可以用下述方程表示椭圆曲线：

$$y^2 = x^3 + ax + b$$

在这个椭圆曲线上，对于不是互为负元的两个不同点 $P=(x_P, y_P)$ 和 $Q=(x_Q, y_Q)$ 来说，连接它们的曲线 l 的斜率为 $\Delta=(y_Q - y_P)/(x_Q - x_P)$，$l$ 恰好与椭圆曲线相交于另一点 R，即可表示为 $R=P+Q$，R 的坐标为

$$x_R = \Delta^2 - x_P - x_Q$$

$$y_R = -y_P + \Delta(x_P - x_R)$$

若椭圆曲线是定义在 Z_p 上的素曲线，则曲线方程为

$$y^2 \bmod p = (x^3 + ax + b) \bmod p$$

$$x_R = (\Delta^2 - x_P - x_Q) \bmod p$$

$$y_R = (-y_P + \Delta(x_P - x_R)) \bmod p$$

若椭圆曲线是在 $\mathrm{GF}(2^m)$ 上构造的二元曲线，则曲线方程为

$$y^2 + xy = x^3 + ax + b$$

其中，所有元素和计算都在 $\mathrm{GF}(2^m)$ 上。

考虑方程 $Q = k \times P$，其中 Q 和 $P \in E_p(a,b)$ 且 $k < P$。对给定的 k 和 P，计算 Q 比较容

易，而对给定的 Q 和 P，计算 k 比较困难，这就是椭圆曲线上的离散对数问题。

设置全局域参数时，可用于密码应用的椭圆曲线有两类：Z_p 上的素数域椭圆曲线和 $GF(2^m)$ 上的二元域椭圆曲线。假设采用素数域椭圆曲线，则全局域参数如表 10-1 所示。

表 10-1　全局域参数

参　　数	中 文 解 释
p	一个素数
a，b	Z_p 上的整数，通过等式 $y^2 = x^3 + ax + b$ 定义椭圆曲线
G	满足椭圆曲线等式的基点，表示为 $G = (x_g, y_g)$
n	G 的阶，即 n 是满足 $nG = 0$ 的最小正整数，等于曲线上点的个数

10.1.1　基于 ECC 的加密算法

基于 ECC 的加密算法包括密钥生成算法、加密算法和解密算法。参与加、解密的所有通信方使用相同的全局域参数，用于定义椭圆曲线及曲线上的基点。

1. 密钥生成算法

用户 B 选择一个小于 n 的整数 n_B 作为私钥，产生其公钥 $P_B = n_B \times G$，该公钥是 $E_p(a,b)$ 中的一个点。

2. 加密算法

用户 A 首先将明文 m 编码为曲线 $E_p(a,b)$ 上的一个点 $P_m(x_m, y_m)$，之后随机选择一个正整数 k，并产生密文 C_m，其中 $C_m = \{kG, P_m + kP_B\}$（P_B 是用户 B 的公钥）。

3. 解密算法

用户 B 接收到密文后，计算如下。

$$P_m = y_C - n_B \times x_C = P_m + kP_B - n_B \times (kG) = P_m + k(P_B - n_B G) = P_m$$

可以验证，解密的结果和明文编码后的结果相同。

10.1.2　基于 ECC 的数字签名算法

基于 ECC 的数字签名算法包括密钥生成算法、签名算法和签名验证算法。参与数字签名的所有通信方都使用相同的全局域参数，用于定义椭圆曲线及曲线上的基点。

1. 密钥生成算法

用户 A 选择一个小于 n 的整数 n_A 作为私钥，然后产生其公钥 $P_A = n_A \times G$，该公钥是 $E_p(a,b)$ 中的一个点。

2. 签名算法

执行以下操作。

（1）选择随机整数 k，$k\in[1, n-1]$。

（2）计算曲线的解点 $P=(x, y)=kG$，以及 $r=x \bmod n$。若 $r=0$，则跳至步骤（1）。

（3）计算 $t=k^{-1} \bmod n$。

（4）计算 $e=H(m)$，这里 H 表示 Hash 函数。

（5）计算 $s=k^{-1}(e+dr) \bmod n$。若 $s=0$，则跳至步骤（1）。

消息 m 的签名是(r, s)。

3. 签名验证算法

用户 B 拥有公开的全局域参数及用户 A 的公钥。用户 B 收到用户 A 发送的消息及数字签名后，对签名的验证步骤如下。

（1）检验 r 和 s 是否为 1 到 $n-1$ 之间的整数。

（2）计算 Hash 值 $e=H(m)$。

（3）计算 $w=s^{-1} \bmod n$，计算 $u_1=ew$ 和 $u_2=rw$。

（4）计算解点 $X=(x_1, y_1)=u_1G+u_2P_A$。

（5）若 $X=0$，则拒绝该签名；否则计算 $v=x_1 \bmod n$。

（6）当且仅当 $v=r$ 时，接收用户 A 的签名。

10.2 算法实现

算法实现使用 Java 语言。ECC 算法在实现时可被定义为一个单独的类 ECC，ECC 类中包含的各种数据如表 10-2 所示。

表 10-2 ECC 类中包含的各种数据

变 量 名	类 型	中 文 解 释
plaintext	byte[]	明文
ciphertext	ECPoint[]	密文
Sig	BigInteger[]	签名结果
a	BigInteger	椭圆曲线参数 a
b	BigInteger	椭圆曲线参数 b
p	BigInteger	椭圆曲线参数 p
G	ECPoint	椭圆曲线上的一个基点
n	BigInteger	基点 G 的阶数

续表

变 量 名	类 型	中 文 解 释
pk	ECPoint	公钥
sk	BigInteger	私钥
k	BigInteger	随机数 k
t	BigInteger	k 在有限域 $p-1$ 上的逆元
e	BigInteger	签名明文的 Hash 值

其中，ECPoint 类型是存储椭圆曲线上点的类型，根据不同的编码方式，其内容不同，具体的实现方式不做定义，可以简单地认为该类型表示的点具有横、纵坐标。除了数据定义，ECC 类中还包含各种运算函数，如表 10-3 所示。

表 10-3 ECC 类中包含的各种运算函数

函 数 名	类 型	中 文 解 释
add	ECPoint	椭圆曲线上的加法函数
multiply	ECPoint	椭圆曲线上的乘法函数
validate	boolean	点对验证函数
generateKey	ECCKey	密钥生成函数
encrypt	ECPoint[]	加密函数
decrypt	byte[]	解密函数
sign	BigInteger[]	签名函数
verify	boolean	签名验证函数

其中，ECCKey 类为自定义类，伪代码如下：

```
public class ECCKey{
    public BigInteger sk;
    public ECpoint pk;
}
```

ECC 类的声明代码如下：

```
public class ECC{
    public BigInteger a;
    public BigInteger b;
    public BigInteger p;
    public BigInteger n;
    public ECPoint G;
    public ECCKey generateKey();
    public ECPoint[] encrypt();
    public byte[] decrypt();
    public BigInteger[] sign();
```

```
    public boolean verify();
}
```

10.2.1 密钥生成算法实现

首先，调用 generateKey 函数来生成加、解密时所需要的公钥，算法的输入为安全参数，输出为公钥 pk 和私钥 sk，伪代码如下：

```
public ECCKey generateKey(){
    选择 sk = random(1, n)作为私钥;
    //计算公钥
    pk = multiply(sk, G);
    返回 new ECCKey(sk, pk);
}
```

其中，加法函数的输入为两个点 *P*、*Q*，输出为椭圆曲线上加法的结果，伪代码如下：

```
public ECPoint add(ECPoint P, ECPoint Q) {
    ECPoint result;
    if(P.x == Q.y)
        lamb = ((3 * P.x * P.x mod p + a) * exEuclid(2 * P.y, p)[1]) mod p;
    else
        lamb = (Q.y - P.y) mod p * exEuclid(Q.x - P.x, p);
    result.x = (lamb * lamb - P.x- Q.x) mod p;
    result.y = (lamb * (P.x - result.x) - P.y) mod p;
    返回 result;
}
```

乘法函数的输入为一个整数 *n* 和一个点 *Q*，输出为椭圆曲线上乘法的结果，伪代码如下：

```
public ECPoint multiply(int n, ECPoint Q) {
    if(n == 1)
        返回 Q;
    //O 为椭圆曲线的无穷远点
    ECPoint result = O;
    for(i = n-1 to 0){
        result = add(result, Q);
    }
    返回 result;
}
```

10.2.2 基于 ECC 的加密算法实现

1. 加密函数

加密函数的输入为椭圆曲线上的消息 plaintext 和公钥 pk，输出为密文 ciphertext。实际使用时，需要使用特定算法将消息串转变为椭圆曲线上的点，书中略去这一步。感兴趣的读者可以自行查阅相关资料实现。

伪代码如下：

```
public ECPoint[] encrypt(byte[] plaintext, ECPoint pk){
    将消息 plaintext 编码为该椭圆曲线上的点;
    ECPoint C1 = multiply(G, k);
    ECPoint C2 = add(plaintext, multiply(pk, k));
    ciphertext = new ECPoint[2];
    ciphertext[0] = ECPoint(C1.x, C1.y);
    ciphertext[1] = ECPoint(C2.x, C2.y);
    返回 ciphertext;
}
```

2. 解密函数

解密函数的输入为密文 ciphertext 和私钥 sk，输出为椭圆曲线上的消息 plaintext，伪代码如下：

```
public byte[] decrypt(ECPoint[] ciphertext, BigInteger sk) {
    ECPoint plaintext = add(C2, O - multiply(C1, sk));
    将 plaintext 转换为字节串;
    返回 plaintext;
}
```

10.2.3 基于 ECC 的数字签名算法实现

1. 签名函数

签名函数的输入为私钥 sk 和需要签名的消息 plaintext，输出为签名结果 Sig，伪代码如下：

```
public BigInteger[] sign(BigInteger sk, byte[] plaintext){
    k = random(1, n);
    P = multiply(k, G);
    r = P 的横坐标 mod n，若 r 为 0，则重新选择 k;
    e = hash(plaintext);
    计算 t = k^-1 mod n;
```

```
        S2 = t*(e+Sk*r) mod n，若 s 为 0，则重新选择 k;
        返回 Sig = (S1, S2);
}
```

2. 验证函数

验证函数的输入为公钥 pk、需要验证的签名结果 Sig 和消息 plaintext，输出为验证结果，伪代码如下：

```
public boolean verify(ECPoint pk, BigInteger[] Sig, byte[] plaintext){
        计算 w = s 的逆模 n;
        e = hash(plaintext);
        u1 = e*w;
        u2 = r*w;
        X = multiply(u1, G)+multiply(u2, Pk);
        if  (X 的横坐标为 0)
            返回  false;
        else {
            v = X 的横坐标 mod n;
            if  (r == v)
                返回  true;
            else
                返回  false;
        }
}
```

10.3 算法测试

10.3.1 基于 ECC 的加密算法测试

本节使用 3 组不同密钥，椭圆曲线和基点的选择不变，选择参数为 $p=257$，$E_p(a,b)=E_{257}(0,-4)$，即椭圆曲线方程为 $y^2=x^3-4$，基点 $G=(2,2)$。首先给出 3 组签名测试数据，均使用十进制数表示，如表 10-4 所示。

表 10-4 签名测试数据

明　文	随 机 数 k	私　钥	公　钥	密　文
(112,26)	41	101	(197,167)	{(136, 128), (246, 174)}
(112,26)	41	51	(20,172)	{(136, 128), (150,103)}
(112,27)	—	—	—	点（112,27），不在椭圆曲线上

以表 10-4 中的第 1 组数据为例，给出加、解密中间数据，如表 10-5 所示。

表 10-5　加、解密中间数据

参　数	计 算 结 果
私钥	101
公钥	(197,167)
C_1	(136,128)
kP_B	$41\times(197,167)=(68,84)$
C_2	(246,174)
n_BC_1	$101\times(136,128)=(68,84)$

10.3.2　基于 ECC 的数字签名算法测试

在测试数据中，椭圆曲线和基点的选择不变，选择参数为 $p=257$，$E_p(a,b)=E_{257}(0,-4)$，即椭圆曲线方程为 $y^2=x^3-4$，基点 $G=(2,2)$。首先给出 4 组签名测试数据，均使用十进制数表示，如表 10-6 所示。每组测试数据都会给出对应的随机数 k，Hash 函数使用 SHA-2。

表 10-6　签名测试数据

签 名 消 息	签名的结果
今天天气真好 随机数 k： 61921146471273726306173686571442991888787209121147733949926652890431457352892	(100687602397889856340518140395317621102639688883408839013522758423260148783 67,259676130813258552999466828417581395006231270051052914868423397082 44528953170)
密码学实验教材 随机数 k： 61598526222608833728666547930552545935628833009762860547228	(46283602012237195313389149023157746706944415763 94997967376,304873964981631371500171013671570143 6839265734435527 03967)
今晚吃酸菜鱼 随机数 k： 4032803588198358750946764812836143324443310826740698199180	(41280811349136931489750508943053918126688662056 91354183001,13374740104346320548901562867702227388957329807579069 21882)
密码是通信双方按约定的法则进行信息特殊变换的一种重要保密手段。依照这些法则，变明文为密文，称为加密变换；变密文为明文，称为解密变换。密码在早期仅对文字或数码进行加、解密变换，随着通信技术的发展，对语音、图像、数据等都可实施加、解密变换 随机数 k： 27930070455316164998737483795741152381212231487126300609334442962488739883495717275397564957113935615824496028582382	(230708034388259127892636605263280344869743373376265678163375977792806782235265659851446726253061027296850281086073 98,19391107776881616879657726638353310971216759240196004842530232465252100637420512312562291355580993408502406348484712)

当签名消息为“基于 ECC 的数字签名算法测试数据”时，产生的中间数据和签名结果如表 10-7 所示，其中参数 P 和 r 的含义见 10.2.3 节。

表 10-7　数字签名中间数据

签名消息	基于 ECC 的数字签名算法测试数据
随机数 k	74187655833324927854097224961840672951252808966813395586935374814399041762487
$P.x$	106440232176383380471927998784637210855735215225173722587871396545334498903006
$P.y$	77458546973479104992816499470220295422734937632887378193515962118667928722224
r	106440232176383380471927998784637210855735215225173722587871396545334498903006
k 在有限域 $p-1$ 上的逆元 t	112222531829908469953436940314844193132641121214725486640585560145771843688581
签名明文的 Hash 值 e	40787757055088093814060106498240435632403300703758057157099229108434863579009
签名结果	(106440232176383380471927998784637210855735215225173722587871396545334498903006,1046672649863640578617476370360889582952484339770381024895996008881253643055562)

10.4 思考题

（1）设 E 是由 $y^2=x^3+x+1 \bmod 23$ 所确定的有限域上的椭圆曲线，列出 E 上的 5 个点。

（2）ECC 算法相比 RSA 算法有哪些优势？试简要说明。

第 11 章　SHA-1 算法

在安全应用中使用的 Hash 函数称为密码学 Hash 函数。常用的几种密码学 Hash 函数有 MD 系列、SHA 系列等。安全 Hash 算法 SHA（Security Hash Algorithm）是使用较为广泛的密码学 Hash 算法，由美国国家标准与技术研究所设计，并于 1993 年作为联邦信息处理标准发布，该版本称为 SHA-0，修订版于 1995 年发布，通常称为 SHA-1，即安全 Hash 标准。

11.1　算法原理

11.1.1　SHA-1 算法整体结构

SHA-1 算法要求输入消息的长度小于 2^{64} 位，将输入消息按 512 位进行分组处理，输出消息的长度为 160 位。图 11-1 显示了 SHA-1 算法处理消息、输出摘要的总体过程。

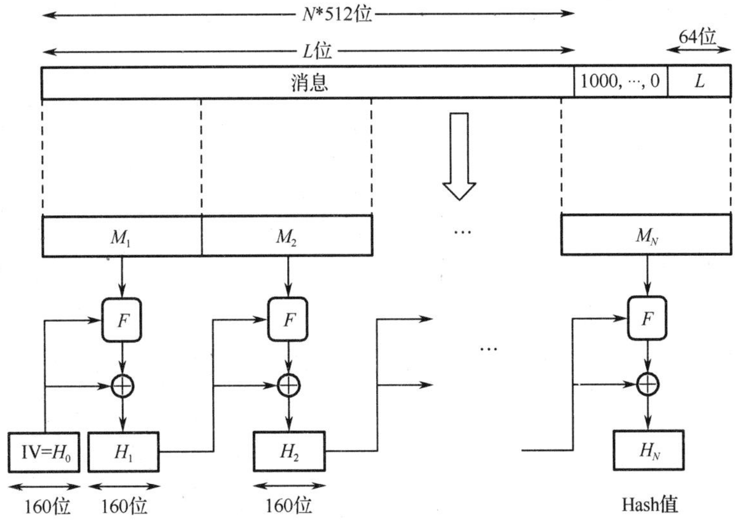

图 11-1　SHA-1 算法处理消息、输出摘要的总体过程

SHA-1 算法的具体步骤如下。

（1）位填充。填充消息，使其长度 $n \equiv 448 \bmod 512$，填充位由一个 1 和多个 0 组成。

（2）长度填充。用 64 位表示消息填充前的长度 L，将其附加在填充位的后面。

（3）初始化缓冲区。

（4）以 512 位为单位分组处理消息。

（5）输出结果。

11.1.2 SHA-1 算法详细结构

1. SHA-1 的分组

对于任意长度的明文，首先需要对明文添加位数，使明文总长度模 512 与 448 同余。在明文后添加位的方法是，第 1 位是 1，其余位都是 0。之后将原始长度（没有添加位时的明文长度）用 64 位表示，附加于消息后，此时的明文长度正好是 512 位的倍数。SHA-1 的原始长度不能超过 2^{64}。另外，SHA-1 的明文长度从低位开始填充。对填充后的消息以 512 位为单位进行分组，表示为 Y_0，Y_1，…，Y_{L-1}。

对于 512 位的明文分组，SHA-1 将其再分成 16 个子明文分组，每个子明文分组的长度为 32 位，使用 M_k 表示，$k=0$，1，…，15。之后将 16 个子明文分组扩充到 80 个子明文分组进行后续计算，记为 M_k，$k=0$，1，…，79，扩充方法如下：

$$W_t = M_t \quad (0 \leqslant t \leqslant 15)$$

$$W_t = (W_{t-3} \oplus W_{t-8} \oplus W_{t-14} \oplus W_{t-16}) <<< 1 \quad (16 \leqslant t \leqslant 79)$$

2. SHA-1 的 4 轮运算

对单个 512 位的分组，SHA-1 进行 4 轮运算，每轮包括 20 步（共 80 步），最后产生 160 位摘要，如图 11-2 所示。

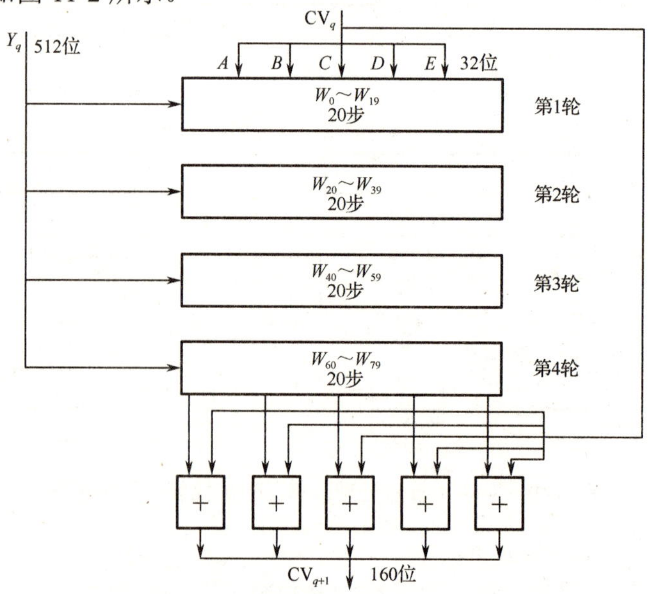

图 11-2　SHA-1 对单个 512 位的分组的处理

160 位摘要存放在 5 个 32 位的链接变量中，分别标记为 A、B、C、D、E，初始值以十六进制数表示如下：

A=0x67452301，B=0xefcdab89，C=0x98badcfe，D=0x10325476，E=0xc3d2e1f0

当第 1 轮运算中的第 1 个步骤开始处理时，A、B、C、D、E 这 5 个链接变量中的值先被赋予另外 5 个记录单元 A'、B'、C'、D'、E'。这 5 个值将保留，用于在第 4 轮的最后一个步骤完成之后，与链接变量 A、B、C、D、E 进行求和操作。图 11-2 中的 4 轮运算，共 80 步使用同一个函数，该函数的内部结构如图 11-3 所示，表示如下：

$$A,B,C,D,E \leftarrow [(A <<< 5) + f_t(B,C,D) + E + W_t + K_t], A, (B <<< 30), C, D$$

其中，$f_t(B,C,D)$ 为逻辑函数，W_t 为子明文分组，K_t 为常数。

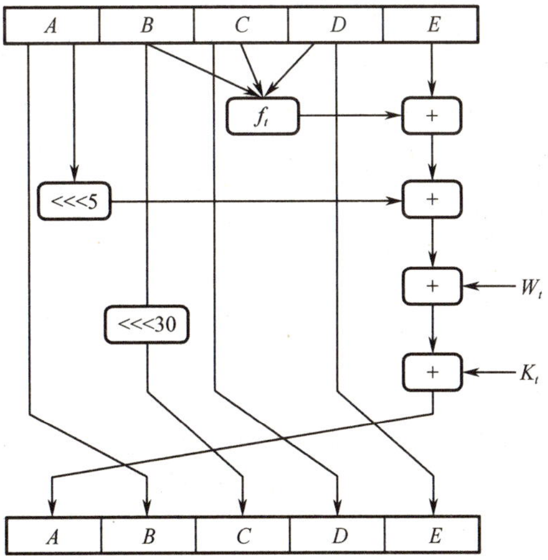

图 11-3　SHA-1 的单轮操作

这个函数的意义如下：

（1）将 $[(A <<< 5) + f_t(B,C,D) + E + W_t + K_t]$ 的结果赋值给链接变量 A；

（2）将链接变量 A 的初始值赋予链接变量 B；

（3）将链接变量 B 的初始值循环左移 30 位，赋予链接变量 C；

（4）将链接变量 C 的初始值赋予链接变量 D；

（5）将链接变量 D 的初始值赋予链接变量 E。

3. SHA-1 的逻辑函数

在 SHA-1 算法中，每轮运算使用了不同的逻辑函数，具体形式如表 11-1 所示。

表 11-1　SHA-1 的逻辑函数

轮　数	步　骤	函数定义
1	$0 \leqslant t \leqslant 19$	$f_t(B,C,D) = (B \cdot C) \cup (\sim B \cdot D)$
2	$20 \leqslant t \leqslant 39$	$f_t(B,C,D) = B \oplus C \oplus D$

续表

轮　　数	步　　骤	函 数 定 义
3	$40 \leqslant t \leqslant 59$	$f_t(B,C,D)=(B \cdot C) \cup (B \cdot D) \cup (C \cdot D)$
4	$60 \leqslant t \leqslant 79$	$f_t(B,C,D)=B \oplus C \oplus D$

需要使用常数 K_t，$t=0$，1，2，…，79，其取值如表 11-2 所示。

表 11-2　常数 K_t 的取值

轮　　数	步　　骤	函 数 定 义
1	$0 \leqslant t \leqslant 19$	K_t = 5a827999
2	$20 \leqslant t \leqslant 39$	K_t = 6ed9eba1
3	$40 \leqslant t \leqslant 59$	K_t = 8f1bbcdc
4	$60 \leqslant t \leqslant 79$	K_t = ca62c1d6

11.2　算法实现

算法实现使用 Java 语言。SHA-1 算法可以被定义为一个单独的类 SHA-1，SHA-1 类中包含的各种数据如表 11-3 所示。

表 11-3　SHA-1 类中包含的各种数据

变 量 名	类　　型	中 文 解 释
plaintext	String	明文消息
EM	byte[]	填充过的消息
W	byte[]	经过扩展的字节
digest	String	生成的消息摘要

除了数据定义，SHA-1 类中还包含各种运算函数，如表 11-4 所示。

表 11-4　SHA-1 类中包含的各种运算函数

函 数 名	类　　型	中 文 解 释
pad	byte[]	消息填充函数
Hash	String	摘要生成函数
extend	byte[]	字扩展函数
round	byte[]	轮函数
f	byte[]	逻辑函数

SHA-1 类的声明代码如下：

```
public abstract class SHA1{
    public String Hash ();
    public byte[] pad();
    public byte[] extend();
    public byte[] round();
    public byte[] f();
    static byte[] h;
    static byte[] k;
    public byte[] W;
}
```

1．摘要生成函数 Hash

摘要生成函数 Hash 的输入为明文消息 plaintext，输出为生成的消息摘要 digest，伪代码如下：

```
public String Hash (String plaintext) {
    EM = pad(plaintext);
    将 EM 按照 512 位进行分组，得到 M[];
    对每个 M[i]进行如下操作：
        W = extend(M[j]);
        h = round(W);
    返回 digest = str(h);
}
```

2．消息填充函数 pad

消息填充函数 pad 负责把消息填充到需要的长度，且写入消息的长度信息、附加后的消息长度应该为 512 的整数倍。消息填充函数 pad 的输入为原始明文消息 plaintext，输出为十六进制数填充过的消息 EM，伪代码如下：

```
public byte[] pad(String plaintext) {
    将消息转换为二进制格式 binText;
    initLen = bitLen = len(binText);
    先在 binText 最后一位补 1;
    while (binLen mod 512 != 448) {
        bitText 补 0;
        binLen += 1;
    }
    将 initLen 用 64 位格式补在最后;
    EM = hex(binText);
    返回 EM;
}
```

3．字扩展函数 extend

字扩展函数 extend 的输入为 M，输出为经过扩展的字节 W，伪代码如下：

```
public byte[] extend(byte[] M){
    W[0:15] = M;
    for (j = 16 to 79) {
        W[j] = W[j-3] xor W[j-8] xor W[j-14] xor W[j-16];
        W[j]<<<1;
    }
    返回 W;
}
```

4．轮函数 round

轮函数 round 的输入为经过扩展的字节 W，输出为迭代结果，伪代码如下：

```
public byte[] round(byte[] W){
    a, b, c, d, e = h;
    for (j = 0 to 79) {
        temp = a<<<5 + f(b, c, d) + e +W[j] + K;
        e = d;
        d = c;
        c = b<<<30;
        b = a;
        a = temp;
    }
    h[0] = (h[0] + a) % 2^32;
    h[1] = (h[1] + b) % 2^32;
    h[2] = (h[2] + c) % 2^32;
    h[3] = (h[3] + d) % 2^32;
    h[4] = (h[4] + e) % 2^32;
    返回 h;
}
```

5．逻辑函数 f 和常数 K

逻辑函数 f 和常数 K 在 80 步中各不相同，f 函数的伪代码如下：

```
public byte[] f(byte[]b, byte[]c, byte[]d){
    if (0 <= j < 20)
        f = (b & c) | ((~b) & d);
    if (20 <= j < 40)
        f = b ^ c ^ d;
    if (40 <= j < 60)
```

```
        f = (b & c) | (b & d) | (c & d);
    if (60 <= j < 80)
        f = b ^ c ^ d;
    返回 f;
}
```

K 具体如下：

```
public byte[] K( ){
          ⎧5A827999,0 <= j < 20
    K =  ⎨6ED9EBA1,20 <= j < 40
          ⎪8F1BBCDC,40 <= j < 60
          ⎩CA62C1D6,60 <= j < 80
    返回 K;
}
```

11.3　算法测试

首先给出 3 组 SHA-1 函数的输入、输出测试数据，使用十六进制数表示，如表 11-5 所示。

表 11-5　SHA-1 函数的输入、输出测试数据

输　　入	输　　出
School of Cyber Science and Technology	0x8cf0b950d33a13b09182ffd21d60ef08fb3240dc
SHA-1 算法的输入是长度小于 2^64 的任意消息 *X*，输出是 160 位的 Hash 值	0x806ed3fabc9d80edad3b1ff6d0ab72d59566a4fe
在安全应用中使用的 Hash 函数称为密码学 Hash 函数。常用的几种密码学 Hash 函数有 MD 系列、SHA 系列等。安全 Hash 算法 SHA（Security Hash Algorithm）是使用较为广泛的密码学 Hash 算法，由美国国家标准与技术研究所设计，并于 1993 作为联邦信息处理标准发布，该版本称为 SHA-0，修订版于 1995 年发布，通常称为 SHA-1，即安全 Hash 标准	0x3573f96a2401486cb0b1b5962cf7bc61e4812904

针对表 11-5 中 SHA-1 算法的第 1 组输入、输出数据，给出中间数据，如表 11-6 所示。过程数据为二进制比特串，最后结果使用十六进制数表示。

表 11-6　中间数据

消息填充（消息长度不足 512 位，只进行 1 次 Hash 运算）	内　　容
mbStr	01010011011000110110100001101111011011110110110000100000011011110110011000100000010 00011011110010110001001100101011100100010000001010011011000110110100101100101011011 10011000110110010100100000001100001011011100110010000100000001010100011001010110001100 11010000110111001101111011011000110111101100111011110011000000000000000000000000000 00000000000000000000000000000000000000000000000000000000000000000000000000000000000 00000000000000000000000000000000000000000000000000000000000000000000000000000000000 00000100110000

续表

<table>
<tr><td>消 息 分 组</td><td colspan="5">内　　容</td></tr>
<tr><td>W[0]～W[15]</td><td colspan="5">01010011011000110110100001101111, 01101111011011000010000001101111,
01100110001000000100001101111001, 01100010011001010111001000100000,
01010011011000110110100101100101, 01101110011000110110010100100000,
01100001011011100110010000100000, 01010100011001010110001101101000,
01101110011011110110110001101111, 01100111011110011000000000000000,
00000000000000000000000000000000, 00000000000000000000000000000000,
00000000000000000000000000000000, 00000000000000000000000000000000,
00000000000000000000000000000000, 00000000000000000000000100110000,</td></tr>
<tr><td>W[16]～W[31]</td><td colspan="5">10110110010110001000111011110010, 11010100111000011010010010011110,
01101010100001100101011001011000, 01110100101111010011001111100101,
11001101110110010101001110110111, 10100001000000001010000000100000,
11110111011110000111011101010100, 11111101100010110110001111011111,
11110010011011101000010101111010, 10001001110000000101001111001010 0,
00101110000110100110101100001111, 00001101101001110110110100111111,
10001000001100111110100001000110, 00011110001101011001010000111111,
10011001000011110010100100110010, 01000010101100100101110001101111,</td></tr>
<tr><td>W[32]～W[47]</td><td colspan="5">01100001000010111001001111011110, 01100001001001100011001110111011,
10010111111011100110010100011111, 01110010001000101101101001001001,
10100111011010011111111000111101, 10101010101000000110010110111111,
11011100011101100000001010101011, 00100011001000001100110000110011,
00101111101111100011000000101000, 01110010011011111111011101110110,
00100101110011100101010011001010, 10011100000111000010011011000010,
10001000011101011001000001111111, 10100111110100111111001001001011,
01110000110111010011110100001011, 00010001100000100110011100110001,</td></tr>
<tr><td>W[48]～W[63]</td><td colspan="5">11111101000100000110100101000100, 00100011011011000100011100011110,
00001001100101110101000110110010, 01110011000111011110000011100001,
10100000000110001010111111101111, 01001111100010000000101001110101 0,
11100000000100011101111011010011, 11000001100000100001011100110111,
01110001110100000011001010011001, 01011010000111001001000011110010,
11001011010111010000010001100000, 01110010000001000000110111100010,
00000101011100001101010011010010, 01100101000010010000101111100000,
00111111101100010000111011111100, 11101100001110011100011110010101,</td></tr>
<tr><td>W[64]～W[79]</td><td colspan="5">11000000101111000000000110001111 1, 01101011101110000111001111100010,
00011101111111111000101101010001, 00011100010110111111010111101101,
01011101101010100101110000011000, 11101101111110010000011011011001,
01100100010101100010111010110111, 01010100000110100011100010010000,
00101111100100000110011001111111, 01001111111011011000000010001010,
00001111100100001100011011100111, 01001001100011010010101100100000,
01010001000011000000110101111000, 11010110101100100001100010010110,
10100101101011000000100001110100 1, 00000101001011110000000110011111 1</td></tr>
<tr><td>迭代轮数 1～20</td><td colspan="5">$f = (B \& C) \mid ((\sim B) \& D)$; $K = 0x5a827999l$</td></tr>
<tr><td>变　　量</td><td>A</td><td>B</td><td>C</td><td>D</td><td>E</td></tr>
<tr><td>第 1 轮</td><td>11110011000110
00000000010010
0010</td><td>01100111010001
01001000110000
0001</td><td>01111011111100
11011010101110
0010</td><td>10011000101110
10110111001111
1110</td><td>00010000001100
10010101000111
0110</td></tr>
</table>

续表

变　量	*A*	*B*	*C*	*D*	*E*
第 2 轮	00111001000111010001000111011010	11110011000110000000000100100010	01011001110100010100100011000000	01111011111100110110101011100010	10011000101110101101110011111110
第 3 轮	11010110111100110100000000010111	00111001000111010001000111011010	10111100110001100000000001001000	01011001110100010100100011000000	01111011111100110110101011100010
第 4 轮	10010000000001111010000111011101	11010110111100110100000000010111	10001110010001110100010001110110	10111100110001100000000001001000	01011001110100010100100011000000
第 5 轮	10110110111100101010011111001110	10010000000001111010000111011101	11110101101111001101000000000101	10001110010001110100010001110110	10111100110001100000000001001000
第 6 轮	00000010010001011001110011111110	10110110111100101010011111001110	01100100000000011110100001110111	11110101101111001101000000000101	10001110010001110100010001110110
第 7 轮	11110111111110001011001000110110	00000010010001011001110011111110	10101101101111001010100111110011	01100100000000011110100001110111	11110101101111001101000000000101
第 8 轮	00000111101111111101110011010111	11110111111110001011001000110110	10000000100100010110011100111111	10101101101111001010100111110011	01100100000000011110100001110111
第 9 轮	10101101100000111001010101010110	00000111101111111101110011010111	10111101111111100010110010001101	10000000100100010110011100111111	10101101101111001010100111110011
第 10 轮	10100101111010010111111000001110	10101101100000111001010101010110	11000001111011111111011100110101	10111101111111100010110010001101	10000000100100010110011100111111
第 11 轮	00101010010000110110000001001001	10100101111010010111111000001110	10101011011000001110010101010101	11000001111011111111011100110101	10111101111111100010110010001101
第 12 轮	01000010010100111001010010000000	00101010010000110110000001001001	10101001011110100101111110000011	10101011011000001110010101010101	11000001111011111111011100110101
第 13 轮	00010000010001111100010111101011	01000010010100111001010010000000	01001010100100001101100000010010	10101001011110100101111110000011	10101011011000001110010101010101
第 14 轮	11111010000101001111011101010011	00010000010001111100010111101011	00010000100101001110010100100000	01001010100100001101100000010010	10101001011110100101111110000011
第 15 轮	10100001001100001010000011001011	11111010000101001111011101010011	11000100000100011111000101111010	00010000100101001110010100100000	01001010100100001101100000010010
第 16 轮	10001011101110000101110111000001	10100001001100001010000011001011	11111110100001010011110111010100	11000100000100011111000101111010	00010000100101001110010100100000

续表

变　量	A	B	C	D	E
第 17 轮	01111100011111010001011111001100	10001011101110000101110111000001	11101000010011000010100000110010	11111110100001010011110111010100	11000100000100011111000101111010
第 18 轮	01111111001001100011000101010100	01111100011111010001011111001100	01100010111011100001011101110000	11101000010011000010100000110010	11111110100001010011110111010100
第 19 轮	10001000110000000111011111000110	01111111001001100011000101010100	00011111000111110100010111110011	01100010111011100001011101110000	11101000010011000010100000110010
第 20 轮	11101111011010001101010111110001	10001000110000000111011111000110	00011111110010011000110001010101	00011111000111110100010111110011	01100010111011100001011101110000
迭代轮数 21～40	$f = B \wedge C \wedge D$; K = 0x6ed9eba1				
变　量	A	B	C	D	E
第 21 轮	00010100110100101101001101100101	11101111011010001101010111110001	10100010001100000001110111110001	00011111110010011000110001010101	00011111000111110100010111110011
第 22 轮	00011011111001011000001010101011	00010100110100101101001101100101	01111011110110100011010101111100	10100010001100000001110111110001	00011111110010011000110001010101
第 23 轮	11010000000001010100000010010101	00011011111001011000001010101011	01000101001101001011010011011001	01111011110110100011010101111100	10100010001100000001110111110001
第 24 轮	00110100010010001000001100111001	11010000000001010100000010010101	11000110111110010110000010101010	01000101001101001011010011011001	01111011110110100011010101111100
第 25 轮	10111001111110111010001010100011	00110100010010001000001100111001	01110100000000010101000000100101	11000110111110010110000010101010	01000101001101001011010011011001
第 26 轮	00000011111101000101000000111011	10111001111110111010001010100011	01001101000100100010000011001110	01110100000000010101000000100101	11000110111110010110000010101010
第 27 轮	01100011011000001001000100000010	00000011111101000101000000111011	11101110011111101110100010101000	01001101000100100010000011001110	01110100000000010101000000100101
第 28 轮	11111101001011010110000110101110	01100011011000001001000100000010	11000000111111010001010000001110	11101110011111101110100010101000	01001101000100100010000011001110
第 29 轮	00110111101011111001100000111000	11111101001011010110000110101110	10011000110110000010010001000000	11000000111111010001010000001110	11101110011111101110100010101000
第 30 轮	00010110100010011100000101101110	00110111101011111001100000111000	10111111010010110101100001101011	10011000110110000010010001000000	11000000111111010001010000001110

续表

变　　量	A	B	C	D	E
第 31 轮	10101010010110110011101010110110	00010110100010011100000101101110	00001101111010111110011000001110	10111111010010110101100001101011	10011000110110000010010001000000
第 32 轮	00111001111101010100001000110000	10101010010110110011101010110110	10000101101000100111000001011011	00001101111010111110011000001110	10111111010010110101100001101011
第 33 轮	11101111111010111100101011010100	00111001111101010100001000110000	10101010100101101100111010101101	10000101101000100111000001011011	00001101111010111110011000001110
第 34 轮	11110010001001110101110011001101	11101111111010111100101011010100	00001110011111010101000010001100	10101010100101101100111010101101	10000101101000100111000001011011
第 35 轮	00011100010101101010111111001110	11110010001001110101110011001101	00111011111110101111001010110101	00001110011111010101000010001100	10101010100101101100111010101101
第 36 轮	11011110000010101000110101001110	00011100010101101010111111001110	01111100100010011101011100110011	00111011111110101111001010110101	00001110011111010101000010001100
第 37 轮	01000001001110000110111010001101	11011110000010101000110101001110	10000111000101011010101111110011	01111100100010011101011100110011	00111011111110101111001010110101
第 38 轮	10100010000110100000011101001011	01000001001110000110111010001101	10110111100000101010001101010011	10000111000101011010101111110011	01111100100010011101011100110011
第 39 轮	01111100110010100001010100100000	10100010000110100000011101001011	01010000010011100001101110100011	10110111100000101010001101010011	10000111000101011010101111110011
第 40 轮	11111000001010011100011110010001	01111100110010100001010100100000	11101000100001101000000111010010	01010000010011100001101110100011	10110111100000101010001101010011
迭代轮数 41～60	$f=(B\ \&\ C)\ \vert\ (B\ \&\ D)\ \vert\ (C\ \&\ D);\ K=$ 0x8f1bbcdcl				
变　　量	A	B	C	D	E
第 41 轮	11110100011000111001010000111000	11111000001010011100011110010001	00011111001100101000010101001000	11101000100001101000000111010010	01010000010011100001101110100011
第 42 轮	11010110011011101101110011100011	11110100011000111001010000111000	01111110000010100111000111100100	00011111001100101000010101001000	11101000100001101000000111010010
第 43 轮	11101001011011101100010101011010	11010110011011101101110011100011	00111101000110001110010100001110	01111110000010100111000111100100	00011111001100101000010101001000
第 44 轮	11110110010011100000101000101001	11101001011011101100010101011010	11110101100110111011011100111000	00111101000110001110010100001110	01111110000010100111000111100100

续表

变　量	*A*	*B*	*C*	*D*	*E*
第 45 轮	01011100011101 11111010011001 0111	11110110010011 10000010100010 1001	10111010010110 11101100010101 0110	11110101100110 11101101110011 1000	00111101000110 00111001010000 1110
第 46 轮	11111001011000 01011110100101 1000	01011100011101 11111010011001 0111	01111101100100 11100000101000 1010	10111010010110 11101100010101 0110	11110101100110 11101101110011 1000
第 47 轮	10011110000101 11100111011101 0100	11111001011000 01011110100101 1000	11010111000111 01111110100110 0101	01111101100100 11100000101000 1010	10111010010110 11101100010101 0110
第 48 轮	00011010111111 11100010100011 1110	10011110000101 11100111011101 0100	00111110010110 00010111101001 0110	11010111000111 01111110100110 0101	01111101100100 11100000101000 1010
第 49 轮	00000111110011 10110011110100 0001	00011010111111 11100010100011 1110	00100111100001 01111001110111 0101	00111110010110 00010111101001 0110	11010111000111 01111110100110 0101
第 50 轮	11000010010111 01101101001011 0101	00000111110011 10110011110100 0001	10000110101111 11111000101000 1111	00100111100001 01111001110111 0101	00111110010110 00010111101001 0110
第 51 轮	00101010010100 01111010110010 0001	11000010010111 01101101001011 0101	01000001111100 11101100111101 0000	10000110101111 11111000101000 1111	00100111100001 01111001110111 0101
第 52 轮	00110110111111 00100110111110 1100	00101010010100 01111010110010 0001	01110000100101 11011011010010 1101	01000001111100 11101100111101 0000	10000110101111 11111000101000 1111
第 53 轮	11110110010011 11011000000000 0001	00110110111111 00100110111110 1100	01001010100101 00011110101100 1000	01110000100101 11011011010010 1101	01000001111100 11101100111101 0000
第 54 轮	01011101000110 00000000011100 0000	11110110010011 11011000000000 0001	00001101101111 11001001101111 1011	01001010100101 00011110101100 1000	01110000100101 11011011010010 1101
第 55 轮	11010001011001 00101000111011 0000	01011101000110 00000000011100 0000	01111101100100 11110110000000 0000	00001101101111 11001001101111 1011	01001010100101 00011110101100 1000
第 56 轮	00100101011000 01110001011011 0101	11010001011001 00101000111011 0000	00010111010001 10000000000111 0000	01111101100100 11110110000000 0000	00001101101111 11001001101111 1011
第 57 轮	00010000001010 10010011010100 0100	00100101011000 01110001011011 0101	00110100010110 01001010001110 1100	00010111010001 10000000000111 0000	01111101100100 11110110000000 0000
第 58 轮	10100001010101 10110011110100 0100	00010000001010 10010011010100 0100	01001001010110 00011100010110 1101	00110100010110 01001010001110 1100	00010111010001 10000000000111 0000
第 59 轮	10101100111100 01000100111010 1100	10100001010101 10110011110100 0100	00000100000010 10100100110101 0001	01001001010110 00011100010110 1101	00110100010110 01001010001110 1100

续表

变　量	*A*	*B*	*C*	*D*	*E*
第 60 轮	11010100111101 10001111001000 0100	10101100111100 01000100111010 1100	00101000010101 01101100111101 0001	00000100000010 10100100110101 0001	01001001010110 00011100010110 1101
迭代轮数 61～80	$f = B \wedge C \wedge D$; K = 0xca62c1d6l				
变　量	*A*	*B*	*C*	*D*	*E*
第 61 轮	00111000101000 01110010111101 1011	11010100111101 10001111001000 0100	00101011001111 00010001001110 1011	00101000010101 01101100111101 0001	00000100000010 10100100110101 0001
第 62 轮	00011111010011 11101010000010 1100	00111000101000 01110010111101 1011	00110101001111 01100011110010 0001	00101011001111 00010001001110 1011	00101000010101 01101100111101 0001
第 63 轮	01000010111111 10100010100011 0111	00011111010011 11101010000010 1100	11001110001010 00011100101111 0110	00110101001111 01100011110010 0001	00101011001111 00010001001110 1011
第 64 轮	00100110000001 00011010110011 1001	01000010111111 10100010100011 0111	00000111110100 11111010100000 1011	11001110001010 00011100101111 0110	00110101001111 01100011110010 0001
第 65 轮	00001011111011 10110011100000 0100	00100110000001 00011010110011 1001	11010000101111 11101000101000 1101	00000111110100 11111010100000 1011	11001110001010 00011100101111 0110
第 66 轮	01110011100001 01100011001110 1110	00001011111011 10110011100000 0100	01001001100000 01000110101100 1110	11010000101111 11101000101000 1101	00000111110100 11111010100000 1011
第 67 轮	11110011101110 00010010110100 0111	01110011100001 01100011001110 1110	00000010111110 11101100111000 0001	01001001100000 01000110101100 1110	11010000101111 11101000101000 1101
第 68 轮	01100111100001 10111010001110 1111	11110011101110 00010010110100 0111	10011100111000 01011000110011 1011	00000010111110 11101100111000 0001	01001001100000 01000110101100 1110
第 69 轮	11010000000011 01111100101010 0101	01100111100001 10111010001110 1111	11111100111011 10000100101101 0001	10011100111000 01011000110011 1011	00000010111110 11101100111000 0001
第 70 轮	11000100100111 11011010011110 1111	11010000000011 01111100101010 0101	11011001111000 01101110100011 1011	11111100111011 10000100101101 0001	10011100111000 01011000110011 1011
第 71 轮	01010100100010 01111011000000 1111	11000100100111 11011010011110 1111	01110100000000 11011111001010 1001	11011001111000 01101110100011 1011	11111100111011 10000100101101 0001
第 72 轮	00010110001001 10001111101001 1110	01010100100010 01111011000000 1111	11110001001001 11110110100111 1011	01110100000000 11011111001010 1001	11011001111000 01101110100011 1011
第 73 轮	01101010010010 10000000010010 1111	00010110001001 10001111101001 1110	11010101001000 10011110110000 0011	11110001001001 11110110100111 1011	01110100000000 11011111001010 1001

续表

变　量	*A*	*B*	*C*	*D*	*E*
第 74 轮	00001001101101 11100001001101 1100	01101010010010 10000000010010 1111	10000101100010 01100011111010 0111	11010101001000 10011110110000 0011	11110001001001 11110110100111 1011
第 75 轮	00111100111011 01111101000100 0100	00001001101101 11100001001101 1100	11011010100100 10100000000100 1011	10000101100010 01100011111010 0111	11010101001000 10011110110000 0011
第 76 轮	11011101011111 01011110111011 0000	00111100111011 01111101000100 0100	00000010011011 01111000010011 0111	11011010100100 10100000000100 1011	10000101100010 01100011111010 0111
第 77 轮	00110100101110 10011010100100 1000	11011101011111 01011110111011 0000	00001111001110 11011111010001 0001	00000010011011 01111000010011 0111	11011010100100 10100000000100 1011
第 78 轮	11100011001000 00100010110101 0011	00110100101110 10011010100100 1000	00110111010111 11010111101110 1100	00001111001110 11011111010001 0001	00000010011011 01111000010011 0111
第 79 轮	11100011011011 00011010000010 0111	11100011001000 00100010110101 0011	00001101001011 10100110101001 0010	00110111010111 11010111101110 1100	00001111001110 11011111010001 0001
第 80 轮	00100101101010 11100101100100 1111	11100011011011 00011010000010 0111	11111000110010 00001000101101 0100	00001101001011 10100110101001 0010	00110111010111 11010111101110 1100
$H_0 \sim H_4$	0x67452301	0xefcdab89	0x98badcfe	0x10325476	0xc3d2e1f0
结果	0x8cf0b950	0xd33a13b0	0x9182ffd2	0x1d60ef08	0xfb3240dc

11.4 思考题

（1）Hash 函数应用范围很广，试说明其在消息认证、数字签名等方面的应用。

（2）Hash 函数容易受到碰撞攻击，试说明碰撞攻击的原理和方式，并尝试编程实现。

第 12 章　数字签名算法

数字签名（Digital Signature）又称公钥数字签名，是只有信息的发送者才能产生的他人无法伪造的一个数字串。这个数字串也是对信息发送者发送信息真实性的一个有效证明。数字签名是验证数字和数据真实性、完整性、不可抵赖性的加密机制，相比于传统的手写签名方式，具有更高的复杂性和安全性，广泛应用于电子商务和电子政务中。

12.1　算法原理

12.1.1　不带消息恢复的 RSA 数字签名算法

不带消息恢复的 RSA 数字签名算法包括密钥生成算法、签名算法和验证算法。假设用户 B 想要生成数字签名并发送给用户 A，则执行以下操作。

1．密钥生成算法

（1）任选两个不同的大素数 p 和 q，计算 $n = pq$，$\varphi(n) = (p-1)(q-1)$。

（2）任选一个大整数 e，满足 $\gcd(e, \varphi(n)) = 1$，e 为公钥 PK。

（3）作为私钥 SK 的 d，应满足 $de \bmod \varphi(n) = 1$，即 $de = k\varphi(n) + 1$，其中，$k \geqslant 1$ 且是一个任意整数。

（4）用户 B 公开整数 n 和 e，秘密保存 d。

2．签名算法

（1）用户 B 使用安全 Hash 函数产生消息的 Hash 值 h。

（2）将 h 用私钥加密，得到签名 S，即 $S = E(m) = h^d \bmod n$。

（3）用户 B 把签名 S 附在发送消息的后面，即 $M||S$，发送给用户 A。

3．验证算法

当用户 A 收到消息及签名后，验证过程如下。

（1）计算该消息的 Hash 值 h。

（2）将收到的签名 S 用 B 的公钥解密，得到对应的 h'，$h' = D(m) = S^e \bmod n$。

（3）若 $h = h'$，则用户 A 确认该消息是用户 B 发出的。

12.1.2 RSA-PSS 数字签名算法

RSA 概率签名方案（RSA-PSS）是基于 RSA 的一种签名方案，被 RSA 实验室推荐为 RSA 各类方案中最安全的一种。RSA-PSS 数字签名算法包括密钥生成算法（同 12.1.1 节中的密钥生成算法）、消息编码算法、签名算法和验证算法。RSA-PSS 算法的参数和函数，如表 12-1 所示。

表 12-1 RSA-PSS 算法的参数和函数

类 别	内 容	说 明
选项	Hash	输出长度是 hLen 字节的 Hash 函数。目前的选择是 SHA-1，该函数产生 20 字节的 Hash 值
	MGF	掩码生成函数，目前使用的是 MGF1
	sLen	salt 的字节长度。一般 sLen = hLen，当前版本为 20 字节
输入	M	消息
	emBits	该数是比 RSA 模数 n 的长度小的值
输出	EM	编码后的消息，是用于加密后形成消息签名的消息摘要
参数	emLen	EM 的字节长度 = emBits / 8
	padding1	十六进制串：00 00 00 00 00 00 00 00，即 64 位的 0
	padding2	十六进制串：若干个 00 后面跟着 01，其长度为(emLen−sLen−hLen−2)字节
	盐（salt）	一组伪随机数
	bc	‘BC’的十六进制值

1．消息编码算法

在对消息 M 生成 RSA-PSS 数字签名的第 1 阶段，由 M 生成固定长度的消息摘要，详细过程如图 12-1 所示。

（1）生成消息 M 的 Hash 值：$\text{mHash} = \text{Hash}(M)$。

（2）生成伪随机字节串作为盐，得到 $M' = \text{padding}_1 \| \text{mHash} \| \text{salt}$ 的数据块。

（3）生成 M' 的 Hash 值：$H = \text{Hash}(M')$。

（4）构造数据 $\text{DB} = \text{padding}_2 \| \text{salt}$。

（5）计算 H 的 MGF 值：$\text{DBmask} = \text{MGF}(H, \text{emLen}-\text{hLen}-1)$。

（6）计算 $\text{maskedDB} = \text{DB} \oplus \text{DBmask}$。

（7）$\text{EM} = \text{maskedDB} \| H \| \text{bc}$。

2．签名算法

拥有私钥(d, n)和公钥(e, n)的签名者计算签名，步骤如下。

（1）将字节串 EM 作为无符号的非负二进制整数 m。

（2） $s = m^d \bmod n$。

（3）令 k 是 RSA 模数 n 的字节长度，例如，RSA 的密钥长度是 2048 位，则 $k = 2048/8 = 256$，然后将计算出的签名值 s 转换成 k 字节的串 S。

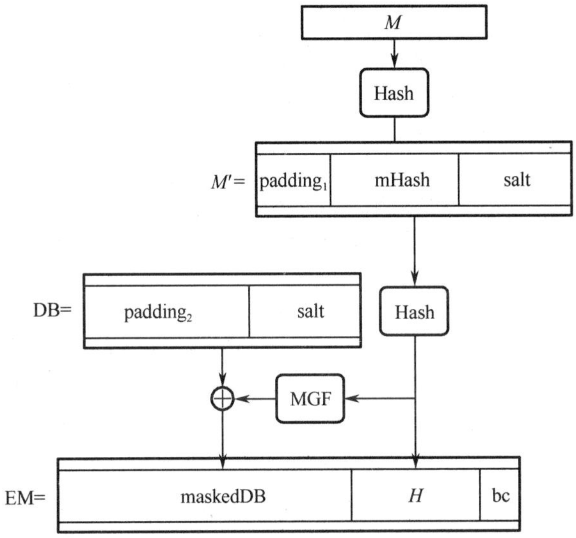

图 12-1　消息编码过程

3．验证算法

接收方收到签名后，通过验证算法进行验证，详细过程如图 12-2 所示。

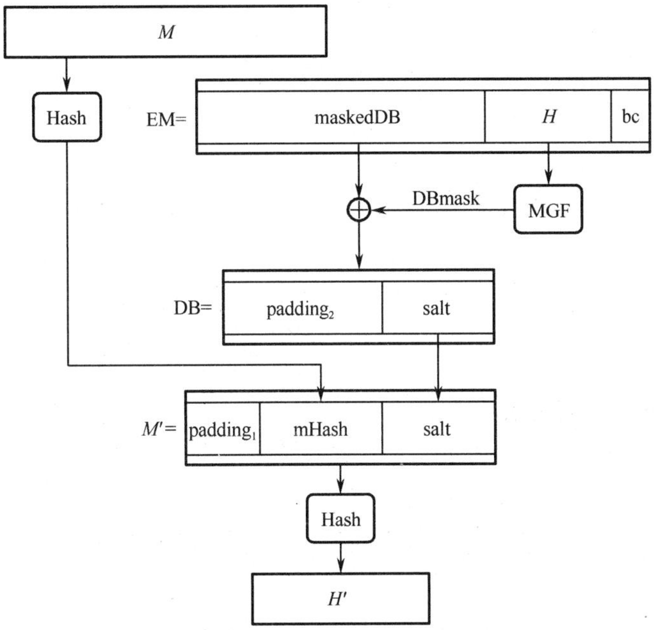

图 12-2　验证过程

（1）计算 $m = s^e \bmod n$，通过解密 s 得到消息编码 EM。

（2）生成 M 的 Hash 值：mHash = Hash(M)。

（3）计算 DBmask = MGF(H, emLen−hLen−1)。

（4）计算 DB = maskedDB ⊕ DBmask，将 DB 的最后 sLen 字节设为 salt。

（5）构造 M' = padding$_1$||mHash||salt 的数据块。

（6）生成 M' 的 Hash 值：$H = \text{Hash}(M')$。

（7）若 $H = H'$，则输出"一致"，否则输出"不一致"。

12.1.3 ElGamal 数字签名算法

ElGamal 数字签名算法包括密钥生成算法、签名算法、验证算法。其基本元素是素数 q 和 a，其中 a 是 q 的本原根。用户 A 通过以下步骤产生公钥/私钥。

（1）生成随机整数 X_A，使得$1 < X_A < q-1$。

（2）计算 $Y_A = a^{X_A} \bmod q$。

（3）用户 A 的私钥是 X_A，公钥是 (q, a, Y_A)。

为了对消息 M 进行签名，用户 A 首先计算其 Hash 值 m = Hash(M)，这里 m 是满足 $0 \leqslant m \leqslant q-1$ 的整数。

用户 A 通过以下步骤产生数字签名。

（1）选择随机整数 K，使其满足 $1 \leqslant K \leqslant q-1$ 及 $\gcd(K, q-1) = 1$，即 K 与 $q-1$ 互素。

（2）计算 $S_1 = a^K \bmod q$。注意，这同 ElGamal 加密算法中 C_1 的计算方法相同。

（3）计算 $K^{-1} \bmod (q-1)$，即计算 K 模 $q-1$ 的逆。

（4）计算 $S_2 = K^{-1}(m - X_A S_1) \bmod (q-1)$。

（5）签名包括 (S_1, S_2)。

任意用户 B 都能通过以下步骤验证签名。

（1）计算 $V_1 = a^m \bmod q$。

（2）计算 $V_2 = (Y_A)^{S_1}(S_1)^{S_2} \bmod q$。

12.2 算法实现

12.2.1 不带消息恢复的 RSA 数字签名算法实现

算法实现使用 Java 语言。不带消息恢复的 RSA 数字签名算法在实现时可被定义为一个单独的类 RSASign，RSASign 类中包含的各种数据如表 12-2 所示。

表 12-2 RSASign 类中包含的各种数据

变量名	类型	中文解释
plaintext	byte[]	签名明文
Sig	BigInteger	签名结果
n	BigInteger	两个大素数的乘积
e	BigInteger	签名者用户 A 的公钥
d	BigInteger	签名者用户 A 的私钥
V	BigInteger	验证算法的计算结果

除了数据定义，RSASign 类中还包含各种运算函数，如表 12-3 所示。

表 12-3 RSASign 类中包含的各种运算函数

函数名	类型	中文解释
generateKey	BigInteger[]	密钥生成函数
sign	BigInteger	签名函数
verify	boolean	验证函数

RSASign 类的声明代码如下：

```
public class RSASign{
    private BigInteger n;
    public BigInteger[] generateKey();
    public BigInteger sign();
    public boolean verify();
}
```

首先，调用 generateKey 函数来生成加、解密时所需要的公、私钥，其算法与 RSA 加密算法中使用的密钥生成函数相同，在此不再赘述。

签名函数的输入为用户私钥 d 和签名明文 plaintext，输出为签名结果 Sig，伪代码如下：

```
public BigInteger sign(BigInteger d, byte[] plaintext){
    digest = hash(plaintext);
    Sig = fastPow(digest, d, n);
    返回 Sig;
}
```

验证函数的输入为用户公钥 e、需要验证的签名结果 Sig 和签名明文 plaintext，输出为验证结果，伪代码如下：

```
public boolean verify(BigInteger e, BigInteger Sig, byte[] plaintext){
    V = fastPow(Sig, e, n);
    digest = hash(plaintext);
```

```
        if (digest == V)
            返回 true;
        else
            返回 false;
    }
```

12.2.2 RSA-PSS 数字签名算法实现

RSA-PSS 数字签名算法在实现时可被定义为一个单独的类 RSAPSS，RSAPSS 类中包含的各种数据如表 12-4 所示。

表 12-4 RSAPSS 类中包含的各种数据

变 量 名	类 型	中 文 解 释
plaintext	byte[]	签名明文
Sig	BigInteger	签名结果
n	BigInteger	两个大素数的乘积
e	BigInteger	签名者用户 A 的公钥
d	BigInteger	签名者用户 A 的私钥
T	byte[]	产生的掩码
EM	byte[]	编码后的消息
emBits	int	EM 的比特长度
padding1	byte[]	数据填充 1
padding2	byte[]	数据填充 2
salt	byte[]	一组伪随机数
bc	byte[]	‘BC’的十六进制值
sLen	int	salt 的字节长度
emLen	int	EM 的字节长度

除了数据定义，RSAPSS 类中还包含各种运算函数，如表 12-5 所示。

表 12-5 RSAPSS 类中包含的各种运算函数

函 数 名	类 型	中 文 解 释
generateKey	BigInteger[]	密钥生成函数
sign	BigInteger	签名函数
verify	boolean	验证函数
encode	byte[]	消息编码函数
MGF	byte[]	掩码生成函数

RSAPSS 类的声明代码如下：

```
public class RSAPSS {
    public BigInteger[] generateKey();
    public BigInteger sign();
    public boolean verify();
    public byte[] encode();
    public byte[] MGF();
}
```

1．消息编码函数 encode

消息编码函数 encode 的输入为签名明文 plaintext 和编码后的消息的比特长度 emBits，输出为编码后的消息 EM，伪代码如下：

```
public byte[] encode(byte[] plaintext, int emBits){
    emLen = emBits / 8;
    HM = hash(plaintext);
    生成伪随机串 salt;
    M' = padding1 || HM || salt;
    H = hash(M');
    DB = padding2 || salt;
    DBmask = MGF(H, emLen - hLen -1);
    maskedDB = DB ^ DBmask;
    将 maskedDB 最左边的（8*emLen - emBits）位设为 0;
    返回 EM = maskedDB || H || bc;
}
```

其中，MGF 为掩码生成函数，其输入为消息 X 和掩码长度 maskLen，输出为产生的掩码 T，伪代码如下：

```
public byte[] MGF(byte[] X, int maskLen){
    HM = hash(X);
    len 为 HM 的长度;
    counter = 0;
    if (maskLen == len)
        返回(HM || counter);
    else if (maskLen > len){
        while (maskLen > tLen){
            T = hash(X||counter);
            tLen 为 T 的长度;
            counter = counter+1;
        }
        返回 T 的前 maskLen 字节;
```

```
    }
}
```

2．密钥生成函数 generateKey

密钥生成函数 generateKey 与 RSA 加密算法中使用的密钥生成函数相同，这里不再赘述。

3．签名函数 sign

签名函数 sign 的输入为编码后的消息 EM 和用户私钥 d，输出为签名结果 Sig，伪代码如下：

```
public BigInteger sign(byte[] EM, BigInteger d){
    EM 转换为大整数 m;
    Sig = fastPow(m, d, n);
    返回 Sig;
}
```

4．验证函数 verify

验证函数 verify 的输入为签名结果 Sig、用户公钥 e 和签名明文 plaintext，输出为消息验证结果，伪代码如下：

```
public boolean verify(BigInteger Sig, BigInteger e, byte[] plaintext){
    m = fastPow(Sig, e, n);
    将 m 转换为 EM 的形式，长度为 emLen;
    mHash = hash(plaintext);
    if emLen < hLen + sLen + 2
        返回 false;
    if EM 最右边的字节不是 BC
        返回 false;
    maskedDB = EM 最左边的(emLen - hLen -1)字节，H 为接下来的 hLen 字节;
    if maskedDB 最左边的(8*emLen-emBits)位不是全 0
        返回 false;
    DBmask = MGF(H, emLen - hLen -1);
    DB = maskedDB ^ DBmask;
    令 DB 的最左边的(8*emLen-emBits)位为 0;
    if DB 的最左边的(emLen-hLen-sLen-1)字节不等于 padding2
        返回 false;
    salt = DB 的最后 sLen 字节;
    M' = padding1 || mHash || salt;
    H' = hash(M');
    if H = H'
        返回 true;
```

```
    else
        返回 false;
}
```

12.2.3 ElGamal 数字签名算法实现

ElGamal 数字签名算法在实现时可被定义为一个单独的类 ElGamal，ElGamal 类中包含的各种数据如表 12-6 所示。

表 12-6 ElGamal 类中包含的各种数据

变量名	类型	中文解释
plaintext	byte[]	签名明文
Sig	BigInteger[]	签名结果
p	BigInteger	大素数
g	BigInteger	GF(p)的生成元
e	BigInteger	签名者用户 A 的公钥
d	BigInteger	签名者用户 A 的私钥
HM	BigInteger	消息经过 Hash 函数后的值
k	BigInteger	随机数 k
kInv	BigInteger	k 模 $p-1$ 的逆元

除了数据定义，ElGamal 类中还包含各种运算函数，如表 12-7 所示。

表 12-7 ElGamal 类中包含的各种运算函数

函数名	类型	对应函数
generateKey	BigInteger[]	密钥生成函数
sign	BigInteger[]	签名函数
verify	boolean	验证函数

ElGamal 类的声明代码如下：

```
public class ElGamal{
    public BigInteger p;
    public BigInteger g;
    public BigInteger[] generateKey();
    public BigInteger[] sign();
    public boolean verify();
}
```

1．密钥生成函数 generateKey

密钥生成函数 generateKey 生成加、解密时所需要的公、私钥，输出用户公钥 *e* 和私钥 *d*，使用有限域上快速模幂算法 fastPow，伪代码如下：

```
public BigInteger[] generateKey(){
    生成用户私钥 d = random(1, p-1);
    生成用户公钥 e = fastPow(g, d, p);
    返回(e, d);
}
```

2．签名函数 sign

签名函数 sign 的输入为用户私钥 *d* 和签名明文 plaintext，输出签名结果 Sig，伪代码如下：

```
public BigInteger[] sign(BigInteger d, byte[] plaintext){
    生成消息 plaintext 的 Hash 值;
    HM = hash(plaintext);
    k = random(1, p-1);
    求签名结果的第一部分 S1 = fastPow(g, k, p);
    kInv = k^-1 mod p-1;
    求签名结果的第二部分 S2 = kInv * (HM – d * S1) mod p-1;
    返回 Sig = (S1, S2);
}
```

3．验证函数 verify

验证函数 verify 的输入为用户公钥 *e*、需要验证的签名结果 Sig 和消息经过 Hash 函数后的值 HM，输出验证结果，伪代码如下：

```
public boolean verify(BigInteger e, BigInteger[] Sig, BigInteger HM){
    V1 = fastPow(g, HM, p);
    V2 = fastPow(e, S1, p)*fastPow(S1, S2, p-1);
    if (V1 == V2)
        返回 true;
    else
        返回 false;
}
```

12.3 算法测试

12.3.1 不带消息恢复的 RSA 数字签名算法测试

Hash 函数使用 SHA-1，密钥参数如表 12-8 所示。本节数据使用十进制数表示。

表 12-8 密钥参数

参 数	内 容
p	8384770691199731090227901761369715679766458105128220592036873364412961378312508844718993092171307186077124445798049353269284692982195512524426286648356027
q	12181018780270384245980882487763195755475121960663023641593208090932207734556605764818243649182313018177847426957507816306095263109288627131434655751222979
n	102135049257764615042078588005181805961847617924788520924614970166905740850252377792164156899761196828021256396735835844272953844045954140171199203152941953733292753140561165735333672566395754320988951863125115229868139990823128135019358359614902902066874352974805819176036025088817935594035047801625055544433
e	65537
d	66473417932476187344627006008407842157813880631764187733929336672401810736327035450920395324815204991110650019780739766873957814119293344139376700356830267136528754388684199957664206587604561484552338778247510929052310097742136001829518535632056741801490247649680438463755276345908312841043655459326456925849

当消息为“crypto”时，签名过程产生的中间数据和签名结果如表 12-9 所示。

表 12-9 不带消息恢复的 RSA 数字签名算法的中间数据和签名结果 1

消息	crypto
Hash(*M*)	391990059504812183339302995844760716233208875595（以整数的形式展示）
签名	50038874302296128059585444256747641629605011084299000115657270533383752786276533131326209845399659840837181243852545846096402788505445005432764401426218444563185020220651683265068146970189570044306015089394107595769785495078160411390010869982747559070974245458107308005324921503951673689662887416098465832764

当消息为“基于 RSA 的数字签名基于 RSA 的数字签名基于 RSA 的数字签名基于 RSA 的数字签名基于 RSA 的数字签名”时，签名过程产生的中间数据和签名结果如表 12-10 所示。

表 12-10 不带消息恢复的 RSA 数字签名算法的中间数据和签名结果 2

消息	基于 RSA 的数字签名基于 RSA 的数字签名基于 RSA 的数字签名基于 RSA 的数字签名基于 RSA 的数字签名
Hash(*M*)	1156266915857485138424664815536214960712711694262（以整数的形式展示）
签名	49490793677960096569412883061670033517377513026058384169040640020089024918658377913355472779848714312551894275612108732746055059143190134398277246044724301249002784217413581111541867818260930319267924323429287531099702700736791241880091818213025620619848701676441475184990141347140651519577762430631184866020

12.3.2 RSA-PSS 数字签名算法测试

Hash 函数使用 SHA-1，产生 20 字节的消息值。其中，emBits 为 512，emLen=emBits/8。给出 3 组签名测试数据，使用十六进制数表示，如表 12-11 所示。

表 12-11 签名测试数据

签 名 消 息	签 名 结 果
今天天气真好	0x592cdeaf685100b942a12711fb69bf6d4da31d273c8dfdb28e2b015593af21d36d1da66c4a50c379a0a9b7ca607abbc0fa62a8b969ecd97cf702a18f5173f4BC
密码学实验教材	0xfbb0eb539736efbb739652b0084946a02e1fc8745e6f3cbf3bb6c27fc86cb4f8e71a72c221f6c1c668586a4552fb531b8fdbd4e886101464be12555a87a048BC
今晚吃酸菜鱼	0xaf64f0e8e51311a9d353e0291eb311739700c9bb66131792aa34f7e1086d38ad7f7d6b5660ed8a1f78efe87853b2932dc638849f12972c65b899235dedb502BC
密码是通信双方按约定的法则进行信息特殊变换的一种重要保密手段。依照这些法则，变明文为密文，称为加密变换；变密文为明文，称为解密变换。密码在早期仅对文字或数码进行加、解密变换，随着通信技术的发展，对语音、图像、数据等都可实施加、解密变换	0xf52c3a4917a45b8242c386e7a38cbf54e27597034b1f6acf05086ec25099722e0fd79586ce5aa19f9397bb5b2ee8a9f65faa175c57d7cccfba2c1a77932475BC

当签名消息为“RSA-PSS 数字签名”时，中间数据和签名结果如表 12-12 所示。

表 12-12 RSA-PSS 数字签名算法的中间数据和签名结果

签名消息（*M*）	RSA-PSS 数字签名
M 的 Hash 值	602416497119597290112194142116828102026468292072
salt	0xfa4b050986101331d18cd00df3bf6cddd3a2fa14
M'	0000000000000000069854a3d03fdf1926d37dc3251e006e92d7c75e8fa4b050986101331d18cd00df3bf6cddd3a2fa14
*M'*的 Hash 值 *H*	ebc3caa156ce1e50876e22b0ece1a2969f565ae2
H 的 MGF1	0x96093d7915ef96a8271d960d50f4212268361149ce8a8fa8bd3980d867ff1d0d6d7d1cf4ef42e3680ce6e8
maskedDB	0x96093d7915ef96a8271d960d50f4212268361149ce8a8e52f63c895e77ec2cdce1ad1107502e3ebbae1cfc
EM	0x96093d7915ef96a8271d960d50f4212268361149ce8a8e52f63c895e77ec2cdce1ad1107502e3ebbae1cfcebc3caa156ce1e50876e22b0ece1a2969f565ae2BC

12.3.3 ElGamal 数字签名算法测试

使用 Java 对象自带的 HashCode 函数作为 Hash 函数，密钥参数如表 12-13 所示。本节数据使用十进制数表示。

表 12-13　密钥参数

消息	基于 ElGamal 的数字签名
生成元 a	92179309246465225943487
大素数 q	1909858912667014946213159569319
签名者私钥 X_A	1121375761098374084018749526764
Y_A	533556748994600456420044685932
随机数 k	513452035702609201844988832807
k 模 q-1 的逆	542977380699888157227396215595
消息的 Hash 值 m	966818647
S_1	1740850936362424814767416807953
S_2	1111716110670240025676281937875
签名结果 S_1，S_2	17408509363624248147674168079531111716110670240025676281937875

下面给出 4 组签名测试数据供参考，如表 12-14 所示。

表 12-14　签名测试数据

签 名 消 息	签 名 结 果
今天天气真好 随机数 k： 299270079201230162739900815259	21358655815523505664971328934002055213717088089 66722952955234
密码学实验教材 随机数 k： 113412951938881107822066182715	11397606952266260027673788113201499364591157695 07061566879784
今晚吃酸菜鱼 随机数 k： 981555259214199211726156039215	95475813332109049377516527619777141586518077149 2346061524697
密码是通信双方按约定的法则进行信息特殊变换的一种重要保密手段。依照这些法则，变明文为密文，称为加密变换；变密文为明文，称为解密变换。密码在早期仅对文字或数码进行加、解密变换，随着通信技术的发展，对语音、图像、数据等都可实施加、解密变换 随机数 k： 1015993679446024039780864334135	16513422675882208793846088165391768296378987190 05839078007171

12.4 思考题

（1）数字签名应具有哪些性质？试简要说明。

（2）在实际应用中，通信双方很少直接使用数字签名，而是采用数字证书的形式进行认证。试简要阐述数字证书的原理和作用。

第 13 章　SM2 算法

2010 年年底，国家密码管理局公布了我国自主研制的“椭圆曲线公钥密码算法”（SM2 算法）。SM2 算法是基于 ECC 的非对称加密算法。SM2 算法具有安全性高、存储空间小、签名速度快等优点，在区块链、网上银行、电子政务及防伪等方面有着重要应用。

13.1　算法原理

SM2 算法包含 3 个子算法，分别是密钥生成算法、加密算法和解密算法。下面分别对这 3 个子算法进行详细介绍。

1．密钥生成算法

（1）选择随机整数 $d \in [1, n-2]$。

（2）以 G 为基点，计算点 $P=(x_P, y_P)=[d]G$。

（3）密钥是 (d, P)，其中 d 是私钥，P 是公钥。

2．加密算法

加密算法流程图如图 13-1 所示，设需要发送的明文为比特串 M，klen 为 M 的比特长度。用户 A 获得用户 B 的公钥 P_B 后，使用加密算法，具体步骤如下：

（1）选择随机数 $k \in [1, n-1]$。

（2）计算椭圆曲线点 $C_1=[k]G=(x_1, y_1)$，并将 C_1 的数据类型转换为比特串。

（3）计算椭圆曲线点 $S=[h]P_B$（h 为余因子，$h=\#E(F_q)/n$，$\#E(F_q)$ 为椭圆曲线 $E(F_q)$ 的阶，n 是基点 G 的阶），若 S 是无穷远点，则报错并退出。

（4）否则计算椭圆曲线点 $[k]P_B=(x_2, y_2)$，并将坐标 x_2、y_2 的数据类型转换为比特串。

（5）计算 $t=\mathrm{KDF}(x_2 \| y_2, \mathrm{klen})$，若 t 为全 0 比特串，则回退至步骤（1）。

（6）否则计算 $C_2=M \oplus t$、$C_3=\mathrm{Hash}(x_2 \| M \| y_2)$。

（7）输出密文 $C=C_1 \| C_2 \| C_3$。

3．解密算法

解密算法流程图如图 13-2 所示，用户 B 用自身的私钥 d_B 对密文 $C=C_1 \| C_2 \| C_3$ 解密，设 klen 为密文中 C_2 的比特长度，解密算法具体步骤如下。

（1）从 C 中取出比特串 C_1，将 C_1 的数据类型转换为椭圆曲线上的点，验证 C_1 是否满足椭圆曲线方程，若不满足，则报错并退出。

（2）否则计算椭圆曲线点 $S=[h]C_1$，若 S 是无穷远点，则报错并退出。

（3）否则计算 $[d_B]C_1=(x_2,y_2)$，并将坐标 x_2、y_2 的数据类型转换成比特串。

（4）计算 $t=\text{KDF}(x_2\|y_2,\text{klen})$，若 t 为全 0 比特串，则报错并退出。

（5）否则从 C 中取出比特串 C_2，计算 $M'=C_2\oplus t$。

（6）计算 $u=\text{Hash}(x_2\|M'\|y_2)$，从 C 中取出比特串 C_3，若 $u\neq C_3$，则报错并退出。

（7）否则输出明文 $M'=C_2\oplus t$。

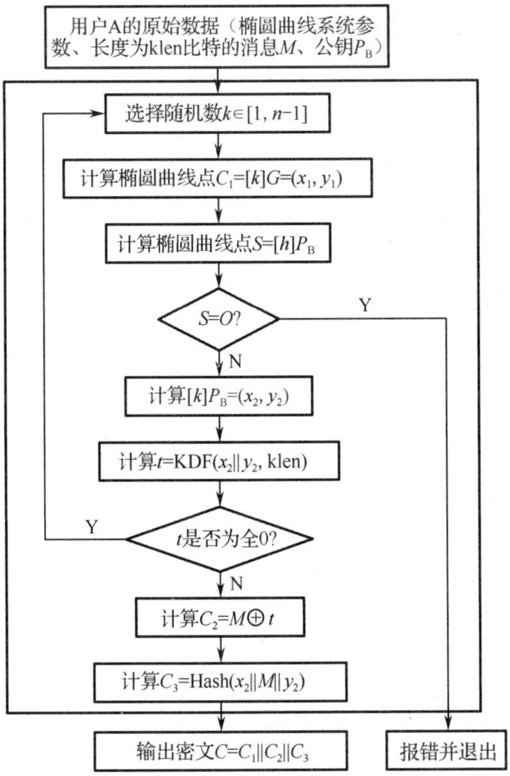

图 13-1　加密算法流程图

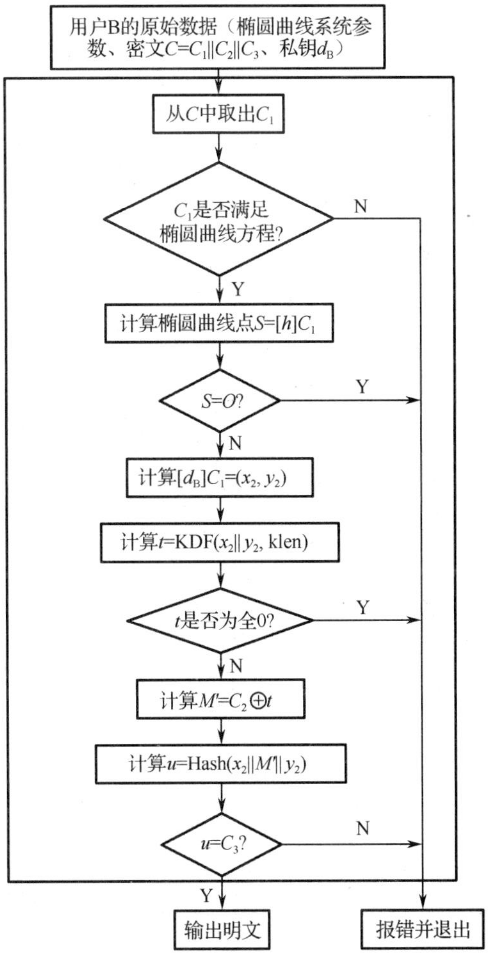

图 13-2　解密算法流程图

13.2　算法实现

算法实现使用 Java 语言。SM2 算法在实现时可被定义为一个单独的类 SM2，SM2

类中包含的各种数据如表 13-1 所示。

表 13-1　SM2 类中包含的各种数据

变 量 名	类 型	中 文 解 释
plaintext	byte[]	明文
ciphertext	byte []	密文
pk	ECPoint	公钥
sk	BigInteger	私钥
k	BigInteger	随机数
C1	ECPoint	椭圆曲线上的点
C2、C3	String	字符串

除了数据定义，SM2 类中还包含各种运算函数，如表 13-2 所示。

表 13-2　SM2 类中包含的各种运算函数

函 数 名	类 型	中 文 解 释
encrypt	byte[]	加密函数
decrypt	byte[]	解密函数
generateKey	byte[]	密钥生成函数

首先，给出 SM2 类的声明代码：

```
public class SM2 {
    public byte[] generateKey();
    public byte[] encrypt();
    public byte[] decrypt();
}
```

1. 密钥生成函数

```
public static byte[] generateKey(){
    生成一个属于[1,n-2]的整数 d;
    P = d*G;
    sk = d;
    pk = P;
    返回 sk,pk ;
}
```

2. 加密函数

```
public byte[] encrypt( byte[] plaintext, ECPoint pk){
    while(true){
        生成一个属于[1,n-1]的随机值 k;
```

```
        C1 = k * G;
        将 C1 数据类型转换为比特串;
        Q = pk * k;
        通过 Q 获取 x2, y2, 将 x2, y2 转换为比特串;
        t = KDF(x2, y2, len(plaintext));
        //若 t 为 0, 重新开始
        if(t != 0)
            break;
    }
    C2 = plaintext ^ t;
    C3 = hash(x2, plaintext, y2);
    ciphertext = C1 + C2 + C3;
    返回 ciphertext;
}
```

3. 解密函数

```
public byte[] decrypt( byte[] ciphertext, BigInteger sk ){
    从 ciphertext 中取出比特串 C1;
    将 C1 的数据类型转换为椭圆曲线上的点
    if (C1 不在椭圆曲线上)
        提示错误并退出;
    从 ciphertext 中取出比特串 C2, C3;
    Q = C1 * sk;
    通过 Q 获取 x2, y2, 将 x2, y2 数据转换为比特串;
    t = KDF(x2 + y2, len(C2));
    if (t == 0)
        提示错误并退出;
    plaintext = C2 ^ t;
    u = hash(x2||plaintext||y2);
    if (u != C3)
        提示错误并退出;
    返回 plaintext;
}
```

13.3 算法测试

SM2 算法标准确定了椭圆曲线的参数，确定了唯一的标准曲线。其加密算法支持 128GB 的数据长度，加密强度为 256 位。通过引入随机预言机，使相同明文产生的密文不唯一，从而抵御选择明文攻击。该算法还涉及 3 类辅助函数：哈希函数、密钥派生函数和随机数发生器函数，这 3 类辅助函数会直接影响加密算法的安全性。测试时，使用了基于 SHA-512 算法的密钥派生函数。本节测试数据均使用十六进制数表示。表 13-3 给出 SM2 算法使用的椭圆曲线方程参数。

表 13-3　SM2 算法使用的椭圆曲线方程参数

参　　数	内　　容
p	0xfffffffe ffffffff ffffffff ffffffff ffffffff 00000000 ffffffff ffffffff
a	0xfffffffe ffffffff ffffffff ffffffff ffffffff 00000000 ffffffff fffffffc
b	0x28e9fa9e 9d9f5e34 4d5a9e4b cf6509a7 f39789f5 15ab8f92 ddbcbd41 4d940e93
n	0xfffffffe ffffffff ffffffff ffffffff 7203df6b 21c6052b 53bbf409 39d54123
gx	0x32c4ae2c 1f198119 5f990446 6a39c994 8fe30bbf f2660be1 715a4589 334c74c7
gy	0xbc3736a2 f4f6779c 59bdcee3 6b692153 d0a9877c c62a4740 02df32e5 2139f0a0

13.3.1　输入和输出

表 13-4、表 13-5 和表 13-6 给出 3 组公、私钥对及其对应的明文 plaintext 和密文 ciphertext。

表 13-4　公、私钥对及其对应的明文 plaintext、密文 ciphertext 数据表 1

私钥 SK	0x52ebf83fd3be22a70c22209f60d03e7fc50a3d5f9508f44ee10e50f3f7bf3c69
公钥 PK	(0x9a8d4c4599edbc66d35c1fd07d17473c004eed30cdf6afb92ab15f480479a599, 0x78d82462cc31e2cf5d477b6d872b604fde31d8d25e2d0b60dc78ba87ba3eadd4)
随机数 *k*	0x46889d7648c981d63bce3dca278374d184f8acba0400e4690edb0772e5ea2137
明文 plaintext	0x74657374736d34
密文 ciphertext	0x04e3ff706879953f8a2154f3c0fa4bffcd120171fc5c0e3aadd2b075383f919d98afc213a3b9da9bb9d640f26 8576c30a713fdd77e5696ce422591b60bba1f73ac90459dd09ecca50e0035565f6cd4f595369eaf47bc1d3fdd2 3332b40686221aa21267b9974abf1d4c0e188e2a57001331fab6a897f53e12e2c51243d54986d321880d13ed 5846d

表 13-5　公、私钥对及其对应的明文 plaintext、密文 ciphertext 数据表 2

私钥 SK	0x8c62bdcdcf173a5dc898edf0230e79e3e504e8909b3dd4117e698f2d8f8b9a80
公钥 PK	(0x6a8dc7818767b943df0507b7c80817715ca64b0fb4f1d3e603ee0031484a034c, 0x006e854e838f19292ec9297bc76f5089e01a5ff75b509de8df9e30ad205a8787)
随机数 *k*	0x7d0d0ce2800d57ddebf6a32f0d514498bb5aefbfcd9b217da59e67f26460d53e
明文 plaintext	0x736d34736d34736d34736d34736d34736d34736d34736d34
密文 ciphertext	0x045e34931a2aaa9305172afdd4efa001aa819f61b7236a4b0a01ab6f1d92b7a23b7b6a96754e60682de7cbe b37982f1dc7416dacb43de711400c34676a97da99099091df3658e867068abb62cfbc35142d2b779d2e13a95 d49975c4db60127e79703e0898d6fed575f0ccb6b37cb615b75ec1a0c4364211b12b5b839a4cec91660a2f96a 240d4e02897123c2fbbcc250dfbee7f769c38145a5

表 13-6 公、私钥对及其对应的明文 plaintext、密文 ciphertext 数据表 3

私钥 SK	0x300f8e58e2ca4f0898febf019db18b7bdb8ec0add25cb6cc9a0f1590da8976d4
公钥 PK	(0x352ba0091057e91e913c5af6f3153349155dabee4980242989b4dc6e18566540, 0xd9be28ce3cbe61a88e84ab0e3ae1b6e5a2474176d5a9f7a34f024c9248b56462)
随机数 k	0x645ffb936362eaa82b4a3b071023e8c678968b56b8d069507b7b6d6258734b01
明文 plaintext	0x6275616162756161627561616275616162756161627561616275616162756161
密文 ciphertext	0x04cba235ab34f389db36a570ad8819d7b37beb4e56145c6a541018857de1c3a8aaf657a97af5ca63cc981c8 f5f73be1e7527c0f08a62e2af7d73bf5acf4735cd960378787eed82d0985d76bf26478e40f1a7eb53e12b9675d 94ca81e696c7e13f00ab679eb2338fe2d3b2354569b2ea5855aba65520274905bef76ee79722f1cd9d40a0bc9 e3f0f79df0803d5b41d4bc6411fd66477d37cc33ce6ccb9a197157ba

13.3.2 中间数据

下面给出表 13-4 中数据对应的中间数据。表 13-7 给出随机生成的公、私钥对。

表 13-7 随机生成的公、私钥对

私钥 SK	0x52ebf83fd3be22a70c22209f60d03e7fc50a3d5f9508f44ee10e50f3f7bf3c69
公钥 PK	(0x9a8d4c4599edbc66d35c1fd07d17473c004eed30cdf6afb92ab15f480479a599, 0x78d82462cc31e2cf5d477b6d872b604fde31d8d25e2d0b60dc78ba87ba3eadd4k)

表 13-8 给出加密算法中间数据。

表 13-8 加密算法中间数据

随机数 k	0x46889d7648c981d63bce3dca278374d184f8acba0400e4690edb0772e5ea2137
C_1	(0xe3ff706879953f8a2154f3c0fa4bffcd120171fc5c0e3aadd2b075383f919d98, 0xafc213a3b9da9bb9d640f268576c30a713fdd77e5696ce422591b60bba1f73ac)
$P_2 = k \times \mathrm{PK}$	(0x5f504bcf45bb01cea0d7bc95741e982ab587ba17c95d2c084883e2f3a3c0da56, 0x53b92fd6b25e57dce074d73ef0dda4ebeda7b0219627ccf696cf7795ed975cac)
KDF 输出 t	0x6ce5a24aa6e959
$C_2 = M'$	0x1880d13ed5846d
C_3=SHA512(x_2, M, y_2)	0x90459dd09ecca50e0035565f6cd4f595369eaf47bc1d3fdd23332b40686221aa21267b9974ab f1d4c0e188e2a57001331fab6a897f53e12e2c51243d54986d32
密文 C	0x04e3ff706879953f8a2154f3c0fa4bffcd120171fc5c0e3aadd2b075383f919d98afc213a3b9da 9bb9d640f268576c30a713fdd77e5696ce422591b60bba1f73ac90459dd09ecca50e0035565f6c d4f595369eaf47bc1d3fdd23332b40686221aa21267b9974abf1d4c0e188e2a57001331fab6a89 7f53e12e2c51243d54986d321880d13ed5846d

表 13-9 给出解密算法中间数据。

表 13-9 解密算法中间数据

C_1	(0xe3ff706879953f8a2154f3c0fa4bffcd120171fc5c0e3aadd2b075383f919d98, afc213a3b9da9bb9d640f268576c30a713fdd77e5696ce422591b60bba1f73ac)
C_2	0x1880d13ed5846d

续表

C_3	0x90459dd09ecca50e0035565f6cd4f595369eaf47bc1d3fdd23332b40686221aa21267b9974ab f1d4c0e188e2a57001331fab6a897f53e12e2c51243d54986d32
$P_2 = C_1 \times \text{SK}$	(0x5f504bcf45bb01cea0d7bc95741e982ab587ba17c95d2c084883e2f3a3c0da56, 0x53b92fd6b25e57dce074d73ef0dda4ebeda7b0219627ccf696cf7795ed975cac)
KDF 输出 t	0x6ce5a24aa6e959
$M = C_2'$	0x74657374736d34
验证 C_3=SHA512(x_2, M, y_2)，验证通过，明文正确	

13.4 思考题

（1）请简述 SM2 算法的特点。

（2）SM2 算法和 RSA 算法相比有什么异同，安全性如何？

第 14 章　SM4 算法

SM4 算法于 2012 年被国家密码管理局确定为国家密码行业标准，最初主要用于 WAPI（WLAN Authentication and Privacy Infrastructure）无线网络中。SM4 算法的出现为将我国商用产品上的密码算法由国际标准替换为国家标准提供了强有力的支撑。随后，SM4 算法被广泛应用于政府办公、公安、银行、税务、电力等信息系统中，其在我国密码行业中占据着极其重要的位置。类似于 DES、AES 算法，SM4 算法也是一种分组密码算法。

14.1　算法原理

14.1.1　SM4 算法整体结构

SM4 算法采用 32 轮的非对称 Feistel 结构，其明文长度和密钥长度均为 128 位，加密过程和解密过程除轮密钥的使用顺序相反外，其他都是一致的。SM4 算法的整体结构如图 14-1 所示。

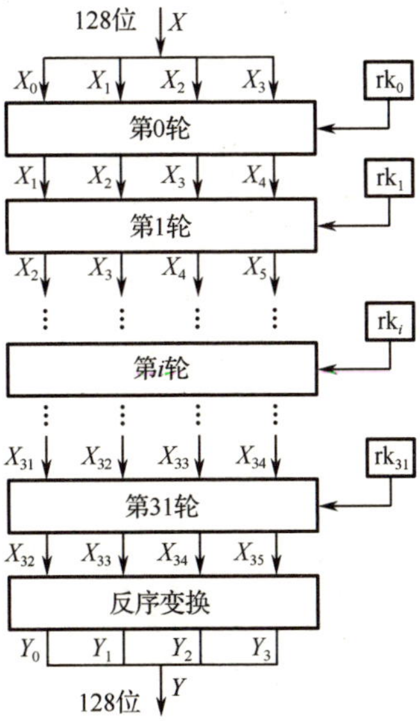

图 14-1　SM4 算法的整体结构

图 14-1 中，X 为明文，被分为 4 个 32 位的组 X_0、X_1、X_2、X_3 进行后续的操作，Y 为最终得到的密文，rk_i 表示每轮所使用的密钥。

14.1.2 SM4 算法详细结构

SM4 算法加密的详细过程如图 14-2 所示。

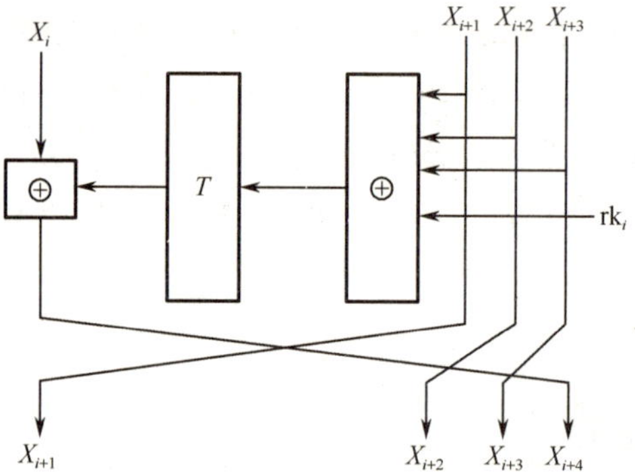

图 14-2 SM4 算法加密的详细过程

SM4 加密算法主要涉及 3 种操作：轮密钥加、非线性变换和线性变换。轮密钥加指的是当前分组和当前的轮密钥进行按位异或运算。非线性变换指的是通过 S 盒完成分组字节的替换，实现密码算法的混淆。线性变换指的是对非线性变换的输出进行扩展操作。

轮函数每次迭代的输入为 $(X_i, X_{i+1}, X_{i+2}, X_{i+3})$ 和轮密钥 rk_i，输出为 $(X_{i+1}, X_{i+2}, X_{i+3}, X_{i+4})$，$X_{i+4}$ 的计算方法如下：

$$X_{i+4} = X_i \oplus T(X_{i+1} \oplus X_{i+2} \oplus X_{i+3} \oplus \text{rk}_i)$$

其中，rk_i 为当前迭代的轮密钥。T 为一个 $Z_2^{32} \to Z_2^{32}$ 的可逆变换，由非线性变换 τ 和线性变换 L 复合而成，即 $T(\cdot) = L(\tau(\cdot))$。

第 31 轮迭代运算完成后，需要对 32 轮的输出值进行反序变换 R，最终输出密文：

$$(Y_0, Y_1, Y_2, Y_3) = R(X_{32}, X_{33}, X_{34}, X_{35}) = (X_{35}, X_{34}, X_{33}, X_{32})$$

解密过程与加密过程相似，只是将轮密钥的使用顺序改为倒序。

1. 非线性变换

非线性变换由 4 个并行的 S 盒完成。设输入 $A = (a_0, a_1, a_2, a_3) \in (Z_2^8)^4$，输出 $B = (b_0, b_1, b_2, b_3) \in (Z_2^8)^4$，则

$$(b_0, b_1, b_2, b_3) = \tau(A) = (\text{sbox}(a_0), \text{sbox}(a_1), \text{sbox}(a_2), \text{sbox}(a_3))$$

对于每个 S 盒的 8 位输入，将前 4 位作为行，后 4 位作为列，输出为结构图中对应行、列交叉点的值。例如，字节 00000000B 替换后的值为 $S([0][0]) = \text{D6H}$。S 盒结构图如图 14-3 所示。

	0	1	2	3	4	5	6	7	8	9	A	B	C	D	E	F
0	D6	90	E9	FE	CC	E1	3D	B7	16	B6	14	C2	28	FB	2C	05
1	2B	67	9A	76	2A	BE	04	C3	AA	44	13	26	49	86	06	99
2	9C	42	50	F4	91	EF	98	7A	33	54	0B	43	ED	CF	AC	62
3	E4	B3	1C	A9	C9	08	E8	95	80	DF	94	FA	75	8F	3F	A6
4	47	07	A7	FC	F3	73	17	BA	83	59	3C	19	E6	85	4F	A8
5	68	6B	81	B2	71	64	DA	8B	F8	EB	0F	4B	70	56	9D	35
6	1E	24	0E	5E	63	58	D1	A2	25	22	7C	3B	01	21	78	87
7	D4	00	46	57	9F	D3	27	52	4C	36	02	E7	A0	C4	C8	9E
8	EA	BF	8A	D2	40	C7	38	B5	A3	F7	F2	CE	F9	61	15	A1
9	E0	AE	5D	A4	9B	34	1A	55	AD	93	32	30	F5	8C	B1	E3
A	1D	F6	E2	2E	82	66	CA	60	C0	29	23	AB	0D	53	4E	6F
B	D5	DB	37	45	DE	FD	8E	2F	03	FF	6A	72	6D	6C	5B	51
C	8D	1B	AF	92	BB	DD	BC	7F	11	D9	5C	41	1F	10	5A	D8
D	0A	C1	31	88	A5	CD	7B	BD	2D	74	D0	12	B8	E5	B4	B0
E	89	69	97	4A	0C	96	77	7E	65	B9	F1	09	C5	6E	C6	84
F	18	F0	7D	EC	3A	DC	4D	20	79	EE	5F	3E	D7	CB	39	48

图 14-3 S 盒结构图

2. 线性变换

非线性变换的输出是线性变换的输入。设输入 $B \in Z_2^{32}$，输出 $C \in Z_2^{32}$，则

$$C = L(B) = B \oplus (B <<< 2) \oplus (B <<< 10) \oplus (B <<< 18) \oplus (B <<< 24)$$

其中，<<< 代表循环左移，如 $B <<< 2$ 代表循环左移 2 位。

3. 密钥扩展算法

密钥扩展算法用于将 128 位的加密密钥转换为 32 轮的轮密钥。SM4 算法的加密密钥的长度为 128 位，表示为 $\mathrm{MK} = (\mathrm{MK}_0, \mathrm{MK}_1, \mathrm{MK}_2, \mathrm{MK}_3)$，其中 $\mathrm{MK}_i (i = 0,1,2,3)$ 的长度为 32 位。每轮密钥的长度为 32 位，共 32 轮，表示为 $(\mathrm{rk}_0, \mathrm{rk}_1, \cdots, \mathrm{rk}_{30}, \mathrm{rk}_{31})$。除此之外，还包含系统参数 $\mathrm{FK} = (\mathrm{FK}_0, \mathrm{FK}_1, \mathrm{FK}_2, \mathrm{FK}_3)$，固定参数 $\mathrm{CK} = (\mathrm{CK}_0, \mathrm{CK}_1, \cdots, \mathrm{CK}_{30}, \mathrm{CK}_{31})$。SM4 密钥生成算法如下。

首先，计算 $(K_0, K_1, K_2, K_3) = (\mathrm{MK}_0 \oplus \mathrm{FK}_0, \mathrm{MK}_1 \oplus \mathrm{FK}_1, \mathrm{MK}_2 \oplus \mathrm{FK}_2, \mathrm{MK}_3 \oplus \mathrm{FK}_3)$，然后对 $i = 0,1,\cdots,31$，计算轮密钥 rk_i：

$$\mathrm{rk}_i = K_{i+4} = K_i \oplus T'(K_{i+1} \oplus K_{i+2} \oplus K_{i+3} \oplus \mathrm{CK}_i)$$

其中，T' 与加密算法轮函数中 T 的计算方法相似，只是将其中的线性变换 L 改为以下形式：

$$L'(B) = B \oplus (B <<< 13) \oplus (B <<< 23)$$

14.2 算法实现

算法实现使用 Java 语言。在充分掌握 SM4 算法原理的基础上，应重点掌握如何通过编程实现 SM4 算法。SM4 算法在实现时可以被定义为一个单独的类 SM4，SM4 类中包含的各种数据如表 14-1 所示。

表 14-1　SM4 类中包含的各种数据

变量名	类型	中文解释
plaintext	byte[]	明文
ciphertext	byte[]	密文
key	byte[]	密钥
roundKey	byte[]	轮密钥

除了数据定义，SM4 类中还包含各种运算函数，如表 14-2 所示。

表 14-2　SM4 类中包含的各种运算函数

函数名	类型	中文解释
generateKey	byte[]	密钥生成函数
encrypt	byte[]	加密函数
decrypt	byte[]	解密函数
T	byte[]	轮函数
L	byte[]	线性变换函数
S	byte[]	非线性变换函数
L′	byte[]	线性变换函数（扩展）

函数之间的调用关系如图 14-4 所示。

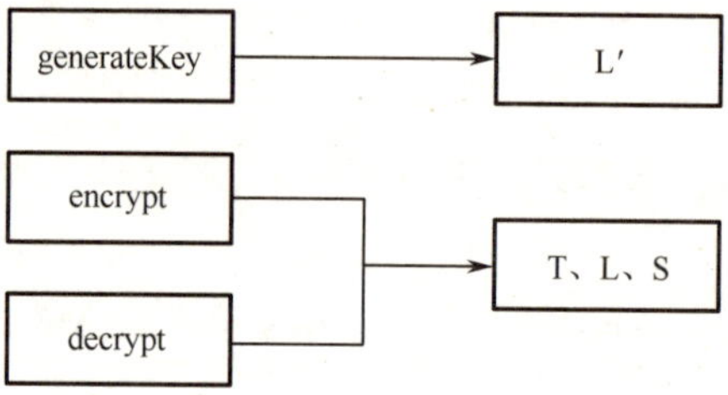

图 14-4　函数调用关系图

通过上述的结构分析，得到 SM4 类的声明代码：

```
public class SM4 {
    public byte[] generateKey();
    public byte[] encrypt();
    public byte[] decrypt();
    public byte[] T();
    public byte[] L();
    public byte[] L′();
    public byte[] S();
}
```

1．密钥生成函数

密钥生成函数的输入为密钥 key，输出为轮密钥 roundKey，伪代码如下：

```
public byte[] generateKey(byte[] key) {
    byte[] FK 为固定参数;
    byte[] CK 为固定参数;
    for (i = 0 to 3)
        K[i] = key[i] ^ FK[i];
    for (i = 0 to 31)
        roundKey[i] = K[i] ^ T'(K[i+1] ^ K[i+2] ^ K[i+3] ^ CK[i]);
    返回 roundKey;
}
```

其中，T'为一个合成置换，是通过将加密函数中 T 中的线性变换 L 替换为 L'而得到的，函数的输入为 32 位明文消息，输出为线性变换的结果，伪代码如下：

```
public byte[] L'(byte[] B){
    result = B ^ (B << 13) ^ (B << 23);
    返回 result;
}
```

2．加密函数

加密函数经过 32 次迭代运算，函数的输入为明文 plaintext 和密钥 key，输出为密文 ciphertext，伪代码如下：

```
public byte[] encrypt(byte[] plaintext, byte[] key){
    byte[] X = plaintext;
    roundKey = generateKey(key);
    for (i = 0 to 31)
        X[i+4] = X[i] ^ T(X[i+1] ^ X[i+2] ^ X[i+3] ^ roundKey[i]);
    ciphertext = (X[35], X[34], X[33], X[32]);
    返回 ciphertext;
}
```

其中，轮函数 T 包含一个非线性变换函数 S 和一个线性变换函数 L，伪代码如下：

```
public byte[] T(byte[] B){
    返回 L(S(B));
}
```

非线性变换函数 S 的输入为 4 个 byte 类型变量（32 位），输出为非线性变换的结果，伪代码如下：

```
public byte[] S(byte[] W){
    (W1, W2, W3, W4) = W;
    //高 4 位代表 S 盒行数，低 4 位代表 S 盒列数，‘EF’ 代表 E 行 F 列
    返回 (sbox[W1], sbox[W2], sbox[W3], sbox[W4]);
}
```

线性变换函数 *L* 的输入为 32 位明文消息，输出为线性变换的结果，伪代码如下：

```
public byte[] L(byte[] B){
    result = B ^ (B << 2) ^ (B << 10) ^ (B << 18) ^ (B << 24);
    返回 result;
}
```

3. 解密函数

解密函数与加密函数结构相同，仅轮密钥使用顺序不同，函数的输入为密文 ciphertext 和密钥 key，输出为明文 plaintext，伪代码如下：

```
public byte[] decrypt(byte[] ciphertext, byte[] key){
    byte[] X = ciphertext;
    roundKey = generateKey(key);
    for (i = 0 to 31)
        X[i+4] = X[i] ^T(X[i+1] ^ X[i+2] ^ X[i+3] ^ roundKey[31 - i]);
    plaintext = (X[35], X[34], X[33], X[32]);
    返回 plaintext;
}
```

14.3 算法测试

SM4 算法的分组长度和密钥长度均为 128 位，加密函数与密钥扩展函数都采用 32 轮非线性迭代结构，解密函数与加密函数的结构相同。数据使用十六进制数表示。给出 3 组加密过程的输入、输出测试数据如表 14-3 所示。

表 14-3 输入、输出测试数据

密 钥	明 文	密 文
0x0123456789abcdeffedcba9876543210	0x00112233445566778899aabbccddeeff	0x09325c4853832dcb9337a5984f671b9a
0x456789abcdeffedcba98765432100123	0x2233445566778899aabbccddeeff0011	0x58ab414d84fb3008b0bee987f97021e6
0x89abcdeffedcba987654321001234567	0x445566778899aabbccddeeff00112233	0x5937a929a2d9137216c72a28cd9cf619

中间数据如表 14-4 和表 14-5 所示。首先给出经过密钥生成函数生成的轮密钥，如表 14-4 所示。FK=(A3B1BAC6 56AA3350 677D9197 B27022DC)。

表 14-4 经过密钥生成函数生成的轮密钥

初始：0x0123456789abcdeffedcba9876543210							
轮次	轮密钥	轮次	轮密钥	轮次	轮密钥	轮次	轮密钥
第 1 轮	0xf12186f9	第 9 轮	0xa520307c	第 17 轮	0xd120b428	第 25 轮	0xb79bd80c
第 2 轮	0x41662b61	第 10 轮	0xb7584dbd	第 18 轮	0x73b55fa3	第 26 轮	0x1d2115b0
第 3 轮	0x5a6ab19a	第 11 轮	0xc30753ed	第 19 轮	0xcc874966	第 27 轮	0x0e228aeb
第 4 轮	0x7ba92077	第 12 轮	0x7ee55b57	第 20 轮	0x92244439	第 28 轮	0xf1780c81
第 5 轮	0x367360f4	第 13 轮	0x6988608c	第 21 轮	0xe89e641f	第 29 轮	0x428d3654
第 6 轮	0x776a0c61	第 14 轮	0x30d895b7	第 22 轮	0x98ca015a	第 30 轮	0x62293496
第 7 轮	0xb6bb89b3	第 15 轮	0x44ba14af	第 23 轮	0xc7159060	第 31 轮	0x01cf72e5
第 8 轮	0x24763151	第 16 轮	0x104495a1	第 24 轮	0x99e1fd2e	第 32 轮	0x9124a012

在加密过程中，轮函数 F 的输入、输出及变换过程的中间数据如表 14-5 所示。表中数据均使用十六进制数表示，为方便阅读，省略前缀“0x”。

表 14-5 轮函数 F 的输入、输出及变换过程的中间数据

轮　次	输入 X	轮密钥 rk	非线性变换 τ	线性变换 L	轮函数 F 的输出
第 1 轮	00112233 44556677 8899aabb ccddeeff	f12186f9	f0e4825c	f4fcdffc	f4edfdcf
第 2 轮	44556677 8899aabb ccddeeff f4edfdcf	41662b61	f0d85df1	d4f9f6c9	90ac90be
第 3 轮	8899aabb ccddeeff f4edfdcf 90ac90be	5a6ab19a	7d4d1c2a	e6dd7d5e	6e44d7e5
第 4 轮	ccddeeff f4edfdcf 90ac90be 6e44d7e5	7ba92077	000d324a	b7d8de64	7b05309b
第 5 轮	f4edfdcf 90ac90be 6e44d7e5 7b05309b	367360f4	45b1c3c9	52194efe	a6f4b331
第 6 轮	90ac90be 6e44d7e5 7b05309b a6f4b331	776a0c61	bbb0f8ac	d898f6cb	48346675
第 7 轮	6e44d7e5 7b05309b a6f4b331 48346675	b6bb89b3	f4c80101	021f19f4	6c5bce11

续表

轮　次	输入 X	轮密钥 rk	非线性变换 τ	线性变换 L	轮函数 F 的输出
第 8 轮	7b05309b a6f4b331 48346675 6c5bce11	24763151	ca6e0bcc	b8005065	c30560fe
第 9 轮	a6f4b331 48346675 6c5bce11 c30560fe	a520307c	a73c7977	5851e2bd	fea5518c
第 10 轮	48346675 6c5bce11 c30560fe fea5518c	b7584dbd	772e37b4	79eeca36	31daac43
第 11 轮	6c5bce11 c30560fe fea5518c 31daac43	c30753ed	d8c45ab8	78847473	14dfba62
第 12 轮	c30560fe fea5518c 31daac43 14dfba62	7ee55b57	6673495f	4880fb3f	8b859bc1
第 13 轮	fea5518c 31daac43 14dfba62 8b859bc1	6988608c	7f166e01	638d39cf	9d286843
第 14 轮	31daac43 14dfba62 8b859bc1 9d286843	30d895b7	1c23b88b	8b7f25e1	baa589a2
第 15 轮	14dfba62 8b859bc1 9d286843 baa589a2	44ba14af	653778a1	6fe8bc15	7b370677
第 16 轮	8b859bc1 9d286843 baa589a2 7b370677	104495a1	e6394695	1477aaf9	9ff23138
第 17 轮	9d286843 baa589a2 7b370677 9ff23138	d120b428	a14714dd	b6dff326	2bf79b65
第 18 轮	baa589a2 7b370677 9ff23138 2bf79b65	73b55fa3	6db5ecf7	486181a7	f2c40805

续表

轮　次	输入 X	轮密钥 rk	非线性变换 τ	线性变换 L	轮函数 F 的输出
第 19 轮	7b370677 9ff23138 2bf79b65 f2c40805	cc874966	f217093f	7d620d5d	06550b2a
第 20 轮	9ff23138 2bf79b65 f2c40805 06550b2a	92244439	85a7b857	bb03b639	24f18701
第 21 轮	2bf79b65 f2c40805 06550b2a 24f18701	e89e641f	803989b3	f3b75812	d840c377
第 22 轮	f2c40805 06550b2a 24f18701 d840c377	98ca015a	0eac4f3d	84db110d	761f1908
第 23 轮	06550b2a 24f18701 d840c377 761f1908	c7159060	85721006	1e652dd1	183026fb
第 24 轮	24f18701 d840c377 761f1908 183026fb	99e1fd2e	62159023	dfecc0e0	fb1d47e1
第 25 轮	d840c377 761f1908 183026fb fb1d47e1	b79bd80c	50291d06	c6b019e6	1ef0da91
第 26 轮	761f1908 183026fb fb1d47e1 1ef0da91	1d2115b0	89d74efa	32d26f24	44cd762c
第 27 轮	183026fb fb1d47e1 1ef0da91 44cd762c	0e228aeb	6fe9242f	cb0f5fad	d33f7956
第 28 轮	fb1d47e1 1ef0da91 44cd762c d33f7956	f1780c81	4c02747c	d86766c0	237a2121
第 29 轮	1ef0da91 44cd762c d33f7956 237a2121	428d3654	4de1aa05	5197c10b	4f671b9a

续表

轮　次	输入 X	轮密钥 rk	非线性变换 τ	线性变换 L	轮函数 F 的输出
第 30 轮	44cd762c d33f7956 237a2121 4f671b9a	62293496	e5c252e7	d7fad3b4	9337a598
第 31 轮	d33f7956 237a2121 4f671b9a 9337a598	01cf72e5	39966ebc	80bc549d	53832dcb
第 32 轮	237a2121 4f671b9a 9337a598 53832dcb	9124a012	0620a912	2a487d69	09325c48

14.4 思考题

（1）请分析在使用 SM4 算法进行加密时，轮函数在各个阶段的运行时间占比。

（2）SM4 算法与 DES、AES 算法相比有什么异同，安全性如何？试简要说明。